优雅

的

重建

郭弈翎 —— 著

机械工业出版社
CHINA MACHINE PRESS

一个人的优雅，与物质水平的高低无关，阅历到了，学识到了，自然就会呈现出专属的优雅气质。本书从内外兼修的角度出发，与万千职场女性分享如何在衣品、配饰、奢侈品、国风、艺术、修养、旅行等方面提升品位并培养优雅的气质。真正的优雅，不是表面的肤浅，而是自身从未停下的追求。

图书在版编目（CIP）数据

优雅的重建 / 郭弈翎著；— 北京：机械工业出版社，2022.4

ISBN 978-7-111-70564-2

Ⅰ.①优…　Ⅱ.①郭…　Ⅲ.①女性-修养-通俗读物　Ⅳ.①B825-49

中国版本图书馆CIP数据核字（2022）第062376号

机械工业出版社（北京市百万庄大街22号　邮政编码100037）
策划编辑：梁一鹏　　　　　　责任编辑：梁一鹏
责任校对：邓小妍　张　薇　　责任印制：郜　敏
三河市国英印务有限公司印刷

2022年7月第1版第1次印刷
128mm×187mm·7.25印张·85千字
标准书号：ISBN 978-7-111-70564-2
定价：68.00元

电话服务　　　　　　　　　　　网络服务
客服电话：010-88361066　　　机　工　官　网：www.cmpbook.com
　　　　　010-88379833　　　机　工　官　博：weibo.com/cmp1952
　　　　　010-68326294　　　金　书　　网：www.golden-book.com
封底无防伪标均为盗版　　　机工教育服务网：www.cmpedu.com

自 序

2014年至2019年，我出版了两本关于"优雅"的书，而我的读者们也在慢慢变化，有的人担任管理层的职务，有的人结婚生子做了全职太太，有的人自主创业遇到瓶颈……

不管在人生的哪一个阶段，我们都该优雅前行。这五年，我一直更新原创内容，在公众号"弈翎不是教你装"、酷我音乐专辑《高阶女性气质养成》、喜马拉雅音频节目《弈翎不是教你装》里，都有相关收录。同时，我也在思考，如何将这几年积累的素材梳理成文字，为大家提供更多的帮助。

2020年初，我特地到伦敦进修和学习，同时静下心来好好准备这本书的内容。在伦敦的那段日子，于进修课程之余，我白天看展积累素材，晚上写作。书中提到的邦德街、奢侈品等内容都是在伦敦完成的。

女性可以通过修炼气质和自我成长，最终变得内心强大而富足。在这本书中，我将用七章的内容和大家分享，如何内外兼修，做个真正有气质、有涵养、有品位的女性。第 1 章关于衣品之美。我在写完精英女性的日常着装后，特地到伦敦萨维尔街了解了男装高级定制的知识，帮助大家打理好另一半的着装。第 2 章关于配饰之美。主要讲述职场女性的配饰，从某种意义上来说，配饰早已超出了它本身的意义，像一位老朋友，陪着我们在职场披荆斩棘。第 3 章关于奢品之美。从实用的角度讲述如何选择适合自己的奢侈品，并且学会养护它们。我们应该理性看待奢侈品，摒弃虚荣，去剖析奢侈品背后的深层价值。第 4 章关于国风之美。介绍了历代服饰的变迁，定制旗袍的经验，如何驾驭旗袍等内容。第 5 章关于内修之美。女性的美，从来都是由内到外的，我们有了外在，更要注意内修。关于看展、艺术配色等问题，结合我个人看展的经验，在本章分享了相关内容。第 6 章关于职场之美。女性在职场，不需要靠脸吃饭，不需要什么潜规则，女性一定要靠实力说话。本章介绍了一些女性在职场打拼应学习的技能。第 7 章关于异域之美。讲述了这些年我在欧洲城市的一些见闻，以及如何在行走和学习中，不断提升审美。

最后，感谢出版社的编辑，隔着 8 小时的时差与我不厌其烦地沟通，提供了许多指导意见；感谢杭城第一造型师小花（宫老师），每次都为我的工作造型操碎了心；感谢行业内长辈和前辈们的悉心教导，对我工作和生活都有特别大的帮助。当然，也特别感谢一直陪伴我的读者和听众朋友们。这一路，也是有了你们，才别样精彩。

郭弈翎

目　录

第 1 章

衣品之美

1.1 当代女性穿衣误区

弈翎说:"我们选衣服的眼光,要和看人一样,人品好的人才可能成为朋友,衣服也必须件件质地精良才配得上你。"

张爱玲的书里,多半有一张穿着高领旗袍的照片。在那个年代,张爱玲的衣服被认为是奇装异服。我认为,张爱玲经学识浸染而就的气质卓乎不群,即便"奇装异服"也可以穿出自己的风格。而对我们普通人来说,尽量少冒风险去驾驭有难度的衣服,当然也无需过于保守,可以多去尝试。

许多女性在日常穿衣中,常常有三种误区:

第一种是不爱打扮,不在意形象,借口是没时间,或者说不会化妆,没钱买衣服等。

我们需要明白，人的气场是由内到外呈现的，每个人都喜欢美的人和物，我虽不提倡"女为悦己者容"，但希望所有姑娘都能活出自我，为自己打扮。内心绽放了，才能在心底开出花来。

第二种是穿着过分隆重，去哪里都像参加晚宴一样，只顾隆重却忽略质感。往往买了一大堆没有质感的衣服，却并没有几件精品。

我曾看到一张海报，主角戴着大檐帽，穿着有影楼风格的晚礼服，全身能戴配饰的地方都没落下，一看就是用力过猛。论海报主角的五官可以说是明艳动人，论高级感却始终缺点什么。可能是用力过猛的结果，也可能是本身气质压不住这样的"精雕细琢"。

大檐帽，不管毛呢质地、麻纱材质还是用拉菲草编织，戴上就已经特别显眼，其他配饰肯定要精简。在平时场合，这样的打扮就过于隆重了。

我在授课和出差路上穿旗袍居多，偶尔也会尝试不同风格，一直也有买帽子搭配衣服的习惯。某次我戴着新买的麻纱大檐帽，随意穿了件连衣裙，走在路上，突然感觉回头率暴增。思量一番之后才意识到，人家回头看我，不是因为我的容貌，而是因为今天帽子显得太隆重了。

有时，太隆重就是突兀。得体比隆重更重要。简单干净、经典耐看的东西才会不过时。不要把所有配饰都堆在身上，耳环、项链、戒指三件配饰，平时不需要戴成套，留白也是一种美。在不需要艳压群芳的场合，得体就好。

第三种常见的穿衣误区是过于暴露。

每个行业、每个单位、每种职位，对于"暴露"的理解不一样。例如有些单位要求女士的半裙必须及膝，再短就会被认为是"暴露"。

对于衣着是否暴露，我的看法是：工作的时候，上半身衣服不露胸，下半身尽量避免穿着过短的裙子，如果裙子太短，下蹲或者做其他动作时都不太方便。另外，对中高管女性来说，职场更该展示专业能力，弱化性别概念。当然，对于晚宴，最好穿礼服出席。

同样，在职场中凭实力吃饭的我们，也需要着装严谨。靠实力吃饭的人，不需要那么多花里胡哨的展示。

打磨衣品的过程，其实就是在各种误区中，逐步摸索的过程。如果在穿衣搭配方面有不足，也没关系，谁不是从"小白"开始的呢？即便在初始阶段，看不懂艺术，也谈不上审美，更不了解那些高深莫测的穿搭理论，都不要着急。多尝试、多观察，多和审美好的朋友交流，相信你一定能够慢慢形成自己独一无二的审美品位。

> **Tips** 穿衣打扮，是为取悦自我，让生活更具仪式感。
>
> 衣服不在多，贵在精。
>
> 流行重要，适合自己更重要。

1.2 有质感的面料和剪裁

弈翎说："质感是服装的灵魂，也是品味和内在张力恰如其分的展现。"

一件衣服有没有灵魂，关键看剪裁和面料，对经典的款式来说，设计相对没那么重要。

一些大品牌，常常会给人满满的高级感，很大程度与面料和剪裁有关。裁缝圈子有句话叫"剪裁易学难会"。意思是说，入门一点不难，精通却非易事。

日常服装我们通常不会去定制，那怎么才算合身呢？

定制衣服需要测量十几个部位的尺寸，购买衣服也同样需要注意。在选衣服时，我们主要看肩部、胸围、腰围、臀围是否合身。此外，不同款式可能对具体尺寸要求不一样，宽松版型的衣服，自然要求整体尺寸大一点。

怎么看一件衣服是否合身？

穿上之后，试试走路、站着、坐下、蹲下等姿势，如果觉得不别扭，那衣服就没有问题。也要注意裙长，太短的裙子，可能站着没问题，但是坐着、蹲下就不太方便。

如果女性胸部较为丰满，在穿修身的衣服时可能会出现胸部扣子绷开的情况，那就可以选大一码，或者缝上暗扣。

若衣服过于紧绷，很容易露出内衣或者内裤的痕迹，难免尴尬，这种情况就要避免。此外，领口相对宽松的款式要特别注意，比如荡领，女性朋友要注意蹲下、低头的时候，衣服是否容易走光，请避免选择容易走光的款式。

除了剪裁之外，面料质地对服装质感的体现来说也尤为重要。我之前认为人造纤维类面料不贵，直到请教了服装设计师朋友，才了解现在挺多品牌所使用的面料，都会含有天丝、莫代尔、人造纤维等成分，成本也不低。

以 T 恤为例，一到夏天，T 恤就成了衣橱里的宠儿。然而各色各款的 T 恤，始终让人觉得缺点质感、少点筋骨。主要是因为 T 恤以纯棉面料居多，纯棉面料容易皱，防皱面料可以选择丝光棉，也可以选择棉和真丝或人造纤维混纺的面料。现在也有些品牌会在 T 恤面料里加入真丝，这样面料光泽度更好，穿着舒适度也更高。我曾买过几件丝光棉的黑、白 T 恤，不容易皱且穿着舒适。面料的选择上，不是越贵越好，还要综合考虑穿着效果。例如，我有件灰色的 T 恤，面料含有羊绒成分，价格不便宜但上身效果始终不够有型。

要怎么把 T 恤穿出高级感呢？

在款式选择上，不要过于花哨，越是简单的款式，越好搭配。我夏天的标配是纯色 T 恤搭配牛仔短裤，再加上一条细腰带。在色彩选择上，黑白灰是必备款，圆领和 V 领都行。

社交场合，我们不以貌取人，不代表别人也一样。正如前面所说，一件质感满满的衣服，可以使你在不用开口的情况下，就让对方感受到你的气场。

Tips 合体的剪裁，可以凸显身材，但也要避免走光。

不要一味追求舒适或盲目追求价格，面料选择应注重质感。

1.3 金领衣橱规划

弈翎说:"在购物的同时,也要学会断舍离,更要学会适度消费。活得不拧巴,才会有内心的舒适和安然。"

每到年底,大家可能都会为辛苦一年的自己添置点什么。如何把有限的资金花在刀刃上呢?想要宠爱自己,一种极端现象是名牌傍身,甚至毫无节制地消费。而另一种极端现象是,一些朋友为人妻、为人母后,首先考虑的都是孩子和先生或者老人,舍不得给自己添置点什么。诚然,这么做没什么错,但若是长期把自己的位置排在后面,很可能会产生"我不配"的意识,进而完全忽略自我需求。

因此，我们需要做好衣橱规划，让每件衣服尽量发挥出最大的价值。

衣橱规划该怎么做呢？

首先，我们需要做一个断舍离，清理不合身的衣服。比如打折时买的小一号的衣服，或者以前偏大的衣服，缺乏质感的衣服，一时冲动买的衣服却没法驾驭的颜色等。另外，也需要清理不适合自己现在岗位穿的衣服，刚参加工作时，许多姑娘喜欢买可爱的款式，但到了主管或者经理岗位上，就不太合适了。

其次，写下自己喜欢的且能驾驭的主要风格，并且留下这些衣服。对于金领来说，职业装是刚需。职业装款式不太多，不容易过时，可以多保留一点。作为高层管理者，可以选独立设计师品牌的衣服，或者适合自己的常穿品牌，再或者去定制工作室做几套职业装。

做好以上两点之后，我们就可以规划衣橱中所需要的服饰了。

需要提醒大家的是，所有衣物必须合身，才能确保彰显风格。

在色彩选择上，我们可以从中性色和一两个重点色开始。我曾看到色彩顾问为客户做完色彩测试后，再为其准备匹配的色卡，但许多商场服饰色彩不如色卡上的全面，也可能有部分颜色根本不适合顾客。对金领来说，在合身的基础上，还需要考虑如何搭配可以显示出气场和权威性。

中性色指的是黑白灰，比较百搭。白色衣服不耐脏，为避免在外突然弄脏衣服的尴尬，穿浅色衣服的时候，我们可以随身携带去污笔。对我们肤色来说，在选择灰色时要选高级灰不要选深灰，高级灰是相对中浅度的灰色。

如果重点色定为正红色，则务必看场合。正红可以小面积穿，比如单件衣服、裤子、裙子等单品，全身正红色不是每个人都可以驾驭的。比如某个场合你不是主角的话，全身正红色就十分抢他人风头。

在款式和质地的选择上，也有许多需要我们注意的地方。

套装。准备两三套即可，材质最好是有质感的纯毛、丝质、混纺等面料，常见的女性两件套或中性的时尚三件套（西装、马甲、裤装）都很不错。还可以准备一套让你在重要场合引人注目的套装，可以是稍带金线或银线的闪光面料，也可以是经过特别设计的套装。

裤子或者裙子。各准备两三条，颜色可以和前面的套装搭配起来。比如万能的黑色铅笔裤，就是个不错的选择。我曾有一条黑色九分裤，用它搭配过皮衣、小香风外套、白 T 恤等。因为太喜欢，以至于衣服穿变形了才扔掉，后来又买了条类似的款式。

衬衫。准备两件质地优良的白衬衫。白衬衫质地好不好，上身立马就知道。此外再准备三五件高品质的丝质、棉质或者混纺衬衫，尽量是纯色或者不夸张的花色。

大衣和风衣。大衣首选羊毛、纯羊绒的面料，颜色可选黑色、浅灰、驼色、米色。颜色慎选焦糖色，这种颜色年纪轻或肤色暗的朋友驾驭不了。选一两件即可。春秋季节准备一件防水风衣，推荐卡其色，不挑人。风衣最初是英国在战时给军人用的衣服，前面双排扣，领子可以收放，配有腰带，面料多为特制的防水面料。这些设计和英国的天气有关系，也和当时处于战争的历史环境有关。

休闲装。运动、健身类的衣服有两套就够了，毕竟健身房不是我们的主要活动场所，不需要准备太多。比如跟好友聚会的轻松场合，可以按照自己喜好选择羽绒服、短袖、牛仔裤等休闲服饰，这类衣服在衣橱占比五分之一即可。当然如果工作环境相对宽松，这类服装可以多准备一些。

再举个牛仔裤的例子，五条牛仔裤肯定可以包揽我们所有搭配了。色彩上建议选择浅蓝、深蓝、灰黑色或者黑色也是必备色。款式选择上，可以小脚裤、微喇裤、阔腿裤各备一条。相比之下，品牌牛仔裤没有那么容易变形，当我们清理牛仔裤时，优先保留不过时款里专业做牛仔裤的品牌，继而看款式来取舍。

以上基本的衣橱规划，适用于职场的大部分场合。对衣橱里那些不知如何取舍的衣服，我们不妨列出清单，重新搭配，或者干脆清理出去。在后续添置衣物时，尽量在预算范围内，买质地最好的。

Tips 学会整理衣橱，断舍离是必修功课。衣橱里的每件单品，尽量都要容易搭配。

1.4 如何选一件可以穿二十年的羊绒大衣

弈翎说，"常年穿的大衣，我首先会考虑面料、版型，其次才是品牌，颜色选择不追逐流行。做事情、买东西，要有主见。"

羊绒按克论价，号称"软黄金"，它不是生活的必需品，但一条羊绒围巾，一双家居羊绒袜，一副羊绒手套却可以提升我们的幸福感。

一件羊绒衫从选择原材料到出厂，要经过几十道生产工序，这也是羊绒制品"精贵"的原因之一。有些朋友认为国外的羊绒更好。我去过一些国家，也仔细研究过不同国家的羊绒品牌，它们所使用的很多原材料都来自中国，有的代工厂也在中国。最好的羊绒来自我国内蒙古自治区，而且全球 70% 的羊绒产量都来自这里。

常年穿的大衣，我首先会考虑面料、版型，其次才是品牌。秋冬大衣的面料近几年常见的有羊绒、羊毛、羊驼毛、羊羔毛等。要穿二十年的大衣，首选纯羊绒面料。市面上真正纯羊绒大衣不多，一个品牌可能只有三四个款式，价格也很贵。常见大衣的面料大部分是羊毛，或者含 10% ~20% 的羊绒，再或者是羊毛和羊驼毛混纺。确定面料时，我们可以看衣服的水洗标。能够进驻商场的品牌，衣服的面料都有质检报告，所以大可放心，面料不会作假。

建议每位女性都买一件经典的纯羊绒大衣。有了一定经济基础后，我们可以追求更舒适的生活。不要觉得自己配不起某产品、某品牌，靠自己实力挣钱的姑娘，配得起所有的好。身体的舒适，羊绒可以给到你，内心的舒适只能靠自己。

羊绒的特点是轻、薄、软，但不是所有的羊绒大衣都有这些特点，选择羊绒大衣也要看克数。我曾有一件藏青色的长款羊绒大衣，比较重，不算柔软但保暖性极好。冬天在不是特别冷的地方，比如北京，一般内穿冬款旗袍，外穿长款羊绒大衣，足以御寒。另外，不要单看大衣是否有水波纹来判定是否为纯羊绒材质，羊毛大衣也可以做出水波纹。熨烫羊绒大衣时，蒸汽不要距离大衣太近，否则水波纹容易消失。

就近几年大衣的流行趋势来说，版型多为廓形，款式以中长款为主。有一次在高铁站候车时闲逛，鄂尔多斯的销售员告诉我，大衣通常买长不买短。比如廓形大衣，好些品牌是双面手工的做法，整件大衣全手工缝制，这类版型不挑人，胖瘦都可以穿。廓形大衣还可以加腰带装饰，或者干脆敞开，追求自然洒脱的感觉也不错。

不论是从流行还是从持久的角度来看，既然是要穿多年的大衣，还是尽量选择保守一点的款式和颜色，西装领、小翻领、系带款，都是不错的选择。如果是带毛领的款式，毛领最好可以拆卸，豪华的毛领适合隆重的场合。

在长度上，穿上鞋后身高 170 厘米左右的姑娘，买长度在 120 厘米左右的款式都没问题。大部分长款大衣的长度都在 110 厘米到 115 厘米之间。中等长度基本到膝盖，短款则是刚刚包住臀部，大约 95 厘米左右。大家可以根据身高和场合进行选择。

相比之下，长款大衣既可以突显气场，又可以为膝盖保暖。冬天爱穿裙子，同时也撑得起长款大衣的姑娘，建议选长款。

颜色的选择，不要非得流行什么穿什么。做事情，买东西，要有主见。

我在米兰进修期间，发现很多品牌会推出淡紫色、薰衣草紫色的大衣。这些颜色虽让人心情愉悦，但很挑肤色。对需要保持权威的管理层来说，这类颜色也不适合。2019 年曾流行雾霾蓝的大衣，我正好喜欢蓝色，就买了一件。因为我的肤色属于冷色调，加上雾霾蓝比较能压得住场，所以使用率很高。

在职场中，我们选择大衣首先考虑驼色、黑色、深蓝、灰色、酒红色、燕麦色，若能够驾驭焦糖色也没问题，白色大衣好看不耐脏，不好打理。正红色比较扎眼，如果喜欢这个颜色，最好选中短款。其他浅淡的颜色，比如玫粉、天蓝、薰衣草紫等，买羊毛大衣就行，久了不一定耐看。

最后分享下品牌，每个品牌的羊毛大衣和羊绒大衣价格有很大差距，羊毛大衣均价三千到五千元，纯羊绒大衣，不是大品牌的话，在商场标价一万到一万五元算是合理。Maxmara 经典款纯羊绒大衣在国内售价三万元左右，在意大利退完税售价三万元左右。Maxmara 羊毛材质的 101801 大衣是宽松款，适合修身版型衣服的姑娘不好驾驭，相比之下，这款更加适合微胖的人，穿上比较显瘦。另外，Maxmara 的大衣首选睡袍款。

在意大利米兰大教堂边上有 Maxmara 的剪标店，佛罗伦萨也有。有个姑娘曾买过剪标店的羊毛大衣，折算成人民币三千多元。在剪标店里，一万元以内差不多可以买到羊绒大衣。也可以去国内的奥特莱斯看看，里面有些大衣也非常实惠。虽然这些店铺的大衣尺码不太全，但就廓形大衣来说，差一个尺码问题也不大。

GOBI 是蒙古国著名的羊绒品牌，翻译成中文叫"戈壁"。这个品牌时尚度稍差，但性价比很高，纯羊绒睡袍款大衣售价四千元左右。毕竟基本款不求时尚，质量好就行。一些懂面料的朋友告诉我，纯羊绒面料成本是每米一千多元，一件大衣至少需要两米多的面料，除去制作和营销费用，大衣面料成本也要三千元左右，所以售价三千以下的大衣基本都不是纯羊绒大衣。

国内也有不错的羊绒品牌，比如鄂尔多斯，同样的价格肯定选专业做羊绒的品牌。鄂尔多斯的睡袍款几乎每年都有，手感相当不错，价格一万多元，算是良心价了。鄂尔多斯集团旗下的高端品牌1436在机场很常见。同一个集团的品牌，定位不同，肯定有相应的定价策略，材质通常差别不会太大。

近几年还流行泰迪熊大衣，保暖效果相当好，很多人喜欢穿。但现实中能驾驭好这个款式的姑娘不多，笨重的厚款大衣真的很挑人，没穿好就会像熊一样"可爱"。

我去格拉斯哥大学时，顺路去过爱丁堡。苏格兰羊绒久负盛名，爱丁堡的好些店铺都售卖羊绒制品。严格来说，纯羊绒产品的含绒量标准为 95% 以上，羊绒产品的含绒量标准则在 30% 以上，一件羊绒含量 30% 的大衣和纯羊绒大衣的手感会有很大的差异。爱丁堡早晚温差大，容易下雨，冬天走在街上，我的皮毛一体外套都不够御寒，所以这边羊绒制品盛行。

苏格兰的羊绒品牌众多，Pringle of Scotland 以前是皇室御用品牌，小狮子的 LOGO 特别有代表性；Johnstons of Elgin 在男装界被称之为"品牌背后的品牌"，曾为一些大品牌代工，也是大家热衷选择的英国伴手礼品牌之一；Kalitane 价格亲民，可以多买几件，搭配不同的衣服。

最后分享下羊绒制品的养护。一件羊绒制品不要长期穿，可以几件换着穿，穿一天要让它休息下，才不容易变形。正确的方法是把大衣送干洗店清洗，但羊绒大衣不能经常干洗，简单养护可以买一把德国 Redecker 的衣物专用清洁刷，给大衣表面除尘和梳理纤维方向。

如果介意干洗店把很多衣服混在一起清洗，可以用专门的丝毛洗涤剂。千万不要用热水清洗，不然会变成"儿童版"。有些不太贵重的羊绒衫和羊绒围巾，可以用洗衣袋包好放到洗衣机里，开到羊绒洗涤那一档，拿出来晾晒后，也不会损坏。

Tips 羊绒大衣虽好，购买需量力而为，切勿过度消费。

经典款最不容易过时。不要盲目追求品牌，质感和性价比永远不会欺骗你。

1.6 用家居服打造有质感的生活

> 弈翎说："精致是一个过程，是由
> 内而外的提升。不是说今天化个
> 妆，就精致了，那只是暂时的好
> 看，我们要　直耐看，所以肯定要
> 付出很多。哪个阶段，都不能放弃
> 自我成长。"

居家的日子，也不要让自己过得太潦草。行业
不景气的时候，有些培训行业的老师们可能要穿两
三个月的家居服。其实家居服也有很多讲究，也需
要选择舒适、有质感的面料，来提升自己的精致感。
在家也可以多读书、写字，做事不慌乱，掌控节奏，
静待下一个风口。

许多家居服都会使用聚酯纤维、涤纶这类面料，

不能单纯认为原材料价格便宜，就不值得入手。当它们经过特殊工艺加工之后，再加上品牌附加值，价格往往翻了几番。

家居服是由睡衣演变而来的，通俗来说是在家休息、干活穿的衣服。从16世纪欧洲人穿上睡袍以来，卧室着装一步一步发生了根本性的变化。欧洲一些国家的商场会展出各类款式的家居服，出租车司机告诉我，部分英国人注重生活品质，会用比较大的支出来营造生活仪式感。

家居服首先要考虑舒适。许多人比较喜欢冬天穿珊瑚绒睡袍，那种面料摸起来绒绒的，特别舒服。不过这种面料以聚酯纤维、涤纶为主，透气性不好，容易产生静电。不如选择法兰绒、纯棉、莫代尔、针织、真丝、麻等舒适透气的面料。

常见的睡袍款，春夏款多为两件套，要么是吊带加睡袍，要么是上衣加裤子。如果是上衣加裤子的款式，可以选择类似睡衣风的纯色套装，建议选择中性色，不容易过时。类似茶服、和服的款式，相对不太实用。过于宽大或者风格过于突出的家居服，不太方便穿着，也不好驾驭。比如大朵印花的图案，就不是每个人都可以驾驭的。选择图案时，要根据自己的风格来定，要非常清楚自己适合什么，不适合什么。

最后分享下品牌。高端品牌推荐 LA PERLA，中文名为拉佩拉，号称内衣里面的爱马仕。这个品牌的家居服细节处理得非常到位。大家熟知的品牌维多利亚的秘密，在国外价格便宜，在国内机场店偶尔也会打折。比较少女心的姑娘们可以选择 KATE SPADE 的家居服，它家睡袍长款很少，家居服面料以莫代尔材质居多，相对轻薄，所以不适合南方的冬天。商场常见的品牌 OYSHO（奥衣修），是软软糯糯的风格，但是面料不经洗。

不考虑品牌，只看面料的话，春夏季节，可以选择真丝面料，光泽感、手感都比棉质家居服好。

注意避免仿真丝的面料，尽量选择桑蚕丝、纯真丝的面料。丝绒面料好看、高级，但不实用。秋冬季节，怕冷的朋友可以考虑棉袄型家居服，比如外层是纯棉面料，里面是蚕丝棉棉芯的套装，类似蚕丝被的概念。可能款式不那么好看，舒适度和保暖是相当好的。再实用一点的做法，可以把近几年流行的宽松羊毛衫、羊绒衫，成套买回来当家居服。

家居服，不仅要实用，更要美观。

哪个阶段，都不能放弃自我成长，都要去做内外的提升。如果女性过了 30 岁，还是单纯地比谁年轻，比谁好看，那真的是肤浅了。

Tips 了解自己的风格，家居服也可以衬托出个人的独特气质。

家居服不等于邋遢，要内外兼修，让精致成为一种习惯。

1.6 精英女性要懂的男装高级定制

弈翎说："萨维尔街附近穿梭着衣着讲究的绅士，公交站也经常能见到穿西装、大衣，戴礼帽的老爷爷。他们的讲究不是而俱到，不是某种统一标准，而是有自己独到见解的美。他们身上每件质地精良的物品，都和主人的风格相得益彰。"

伦敦的萨维尔街有许多男装高级定制店，在这里做一套纯手工西服，加上修改的时间，至少要等三个月。在快节奏的时代，还有纯手工做的衣服，实属难得。相比之下，一些所谓的定制，根本不是一人一版，有的工作室甚至是套版制作。

到伦敦的第三天，我拖着重感冒的身体去萨维尔街"朝圣"。百米长的街道，和周边的邦德街、牛津街相比，冷清了许多，很少看到行人。沿途的橱窗里陈列着各色大衣和西装，除了穿起来不出错的灰色和藏蓝色之外，还有酒红、卡其、墨绿等颜色。

我在一家百年品牌的定制店和店主交流之后了解到，全手工定制一套西装的售价在5000英镑左右，半手工的西装售价2500至3000英镑。店主告诉我，不同面料之间价格几乎没什么差别。

关于价格的问题，我曾向某意大利衬衫品牌负责人请教，她给的答案是，厂家不会单纯因为面料而定位价格，一套售价5000元的西装和一套售价10000元的西装，面料成本没有太大差别，所谓的面料不同不过是卖家标高价的噱头。比如有些定制店，不同面料的西装价格差了接近8000元。因此，在售价8000元和5000元的西装中，选择后者就好，售价8000元的西装不太可能是纯手工制作的。

后来聊到工艺，店主说，他们的学徒，制衣最少学五年，做裤子要学三年，想要成为高级裁缝，则需要整整十年。

要先测量尺寸、选择面料和款式，再开始制作。师傅会用普通面料先做一件，这件衣服主要用于调整尺寸。尺寸确认好之后，师傅再用客户选择的面料进行制作。店主向我展示了给客户做的西服，做了两次的同款型衣服使用不同的面料，针脚细致均匀，能让人直观地感受到什么是纯手工，什么是匠人精神。国内服装定制的流程会稍简单些。比如我经常定制旗袍的工作室，因为师傅熟知我的身材比例，也了解我的穿衣习惯，每次都是选好面料直接做，偶尔因面料差异不那么合身的话，试穿后再做细微的修改。

口袋巾是定制西装必不可少的饰品。有些人会将餐巾纸放到西装口袋处，远看类似，其实已经失去了口袋巾原本的意义。在定制店里，口袋巾以麻料居多，手工包边，类似一些品牌丝巾的做法。口袋巾折叠的方法有很多种，比较随意，自己觉得怎么好看就怎么来。口袋巾首选白色亚麻质地，不容易出错。关于口袋巾露出多少合适，并没有硬性规定，也看场合，如果是中规中矩的场合，露出一两厘米就好，要是想更自信地展示，可以适当多露出一些。

口袋巾和领带、西装的搭配，类似丝巾和衣服的搭配规则。口袋巾如果是纯色，就尽量接近西装或者领带的主色。要是花色，其中的主要颜色要有西装或者领带的颜色，这样才会相互呼应。

关于定制男装的裤长，萨维尔街的西裤普遍修身，刚刚盖住脚面，到鞋子上方一点。为了搭配西裤，定制店陈列的袜子通常是黑色高筒袜，男士穿正装时，选择袜子的标准是坐下后不露出皮肤。

Tips 对纯手工定制男装来说，面料不会导致价格差异，选价格稍低的就好。
口袋巾等装饰，根据场合随性搭配，切勿喧宾夺主。

1.7 领带是穿搭最久的陪伴

弈翎说："贵重材质的领带，比如真丝、羊绒领带，本就不是生活的必需品，要给它们休息时间，换着穿戴，清洗次数也不要过于频繁。"

我们是什么时候开始系领带的？为什么要系领带？最早的领带是什么样的？ 这些是难以考证的问题。记载领带的史料很少，而且关于领带起源的说法很多。

其中有一种说法认为，领带起源于英国男子衣领下的专供男子擦嘴的布。我去过的一些欧洲城市里，发现男士着装最讲究的城市要数伦敦，哪怕是坐公交车的老爷爷，也会穿大衣、戴礼帽。事实上，无论国内还是国外，一大半的场合中，男士都是不戴领带的。在国内，戴领带主要在商务场合。

领带是男士为数不多的配饰之一，女性的配饰有无数件，男性的配饰用五个手指头就可以数得过来。常见的领带宽度有 6 厘米、7 厘米、8 厘米三种，可能受日韩文化影响，近期是窄领带当道。仔细研究一些奢侈品品牌官网的数据之后，我发现宽领带依旧是它们的主打产品，比如爱马仕宽版领带有 200 多种花色，窄版领带的花色只有 100 种左右。可见，宽版领带的地位依旧无法撼动。对职场人士来说，宽版、窄版领带都可以买，多几条领带也多几种风格。就领带长度来说，不穿马甲的话，领带刚刚遮住衬衫，到皮带扣的位置就好。

职场首选的领带为纯色、条纹、格子。许多单位给员工统一配发蓝色条纹领带，其实可以多样化一些。随着时代发展，社会的接纳度更高，穿着打扮可以相对自由些，领带的选择也可以更活泼一点。

大部分品牌会用自己的 LOGO 做领带的花纹，或者在纯色领带上印上当季标识性的图案。

领带的材质有真丝、羊毛、亚麻等。真丝领带相对通用一点，春夏秋冬都适合。真丝面料有很多种，建议选择面料挺括一点的，比如真丝斜纹的领带。

关于领带的护理，通常是送去干洗店清洗。如果必须戴浅色领带，建议多配两条换着戴。贵重材质的领带，比如真丝、羊绒领带，本就不是生活的必需品，要给它们休息时间，换着穿戴，清洗次数也不要过于频繁。

领带很适合赠送给男士，不管是作为商务礼品还是朋友间的礼物都不错。赠送领带要考虑对方是否需要出席戴领带的场合，以及他原本有什么颜色的领带，主要风格是什么样等。送人的礼物要投其所好，如果他能经常用到的话，一定会对你印象深刻。

选择领带，除了质地，也要考虑品牌和包装。我参考过一些品牌的领带，如果你的预算在1500元到3000元之间的话，首选爱马仕的领带。爱马仕有专门的丝巾工坊，领带用的是丝绸材质，质量有保证，而且爱马仕橙色包装盒本身就彰显着品位。此外，登喜路、杰尼亚、菲拉格慕、巴宝莉、阿玛尼等品牌的领带也很适合作为商务礼品。在奥特莱斯，这些品牌的领带经常会有比较好的折扣，千元以内就能买到。杭州丝绸市场百元左右的领带，也是全真丝面料，适合自用。

领带是西装的灵魂，每一条都代表着主人独一无二的心情。

Tips 家里先生领带的添置、搭配以及清洗，建议女性朋友适当了解。
领带不代表刻板，根据场合，适当更换款式，更显活力。

1.8 选一件合适的衬衫陪他闯荡职场的江湖

弈翎说:"商务场合中,衬衫就是一个人品位的缩影。"

大部分女性在给先生买衬衫的时候,只考虑尺码和颜色,而男士自己购买衬衫的时候,考虑问题也不够全面,甚至连怎么才算合身都不清楚。许多单位管理层人员的西装和衬衫都是量身定制的,可以自行选择面料和款式。可能是服装公司测量的疏忽,导致许多人的西装和衬衫都偏宽松。

从领口来讲,市面上大部分衬衫的领口是标准领。还有一种纽扣领,领尖以纽扣固定于衣身,是典型的美国风格,随意自然,舒适便捷,这一领型多用于休闲款衬衫，如牛仔衬衫。

每个人身材不同，适合的领型也不一样。高大魁梧的男性，适合稍大一点的领口，体型偏瘦的男性，选择正常领口或者稍小一点的领口。穿好衬衫后，将一根手指伸进领口，以能够自然滑动为宜。如果衬衫领口可以伸进去两个手指头，证明衬衫的领围偏大。

面料方面，正装衬衫以全棉为主。不少品牌号称自己的衬衫是高支棉，可以达到 300 支以上。纱支数是指一定重量的纤维或纱线所具有的长度。纱的支数越高，纱就越细，用这样的纱，织出来的布就越薄，穿着有柔软舒适感。因此，高支棉面料比较轻薄柔软。但很多男性不关注这些，他们在意的是否实穿，是否好熨烫。超薄的高支棉衬衫不好熨烫，还容易皱，所以日常选择 170 支左右的高支棉就好。

有些男士会在秋冬季节，把保暖内衣穿到衬衫里面。为了达到保暖效果，还有些品牌会生产加绒的衬衫。其实我们可以选择棉和羊毛混纺的衬衫，它的保暖性更好，不需要再穿厚厚的保暖内衣。

款式方面，近几年很多品牌的正装衬衫已经不做荷包了，衬衫前片都是光面，没有任何装饰。也有些男性朋友一直喜欢穿有荷包的衬衫，因为要装零碎东西。建议改掉这个习惯，衬衫最好不要装东西。

有的衬衫领口有插片，这个插片叫活领撑，洗涤前要把它拿下来。大家的衬衫一般是手洗或者干洗，其实有些品牌的衬衫也可以机洗，比如意大利品牌 Camicissima（恺米切）。我专门做过试验，把这个品牌的衬衫每天扔到洗衣机洗一次，一周以后依旧不变形。

晾晒衬衫时，尽量使用挤压方式把水分去除，比如可以铺一块浴巾，把衬衫里的水分吸走。机洗后，要拉扯几下衬衫的褶皱再晾晒，可以让衬衫恢复得更快。要避免暴晒，以免褪色。

如果准备将衬衫作为商务礼品，在尺码的选择上，可以这么考虑：送北方的男性朋友，选择大一号，送南方的朋友，选择小一号。如果赠送对象是企事业单位的朋友，品牌和款式请选择相对低调的。

商务场合中，衬衫就是一个人品位的缩影。精英女性们，也要练就给先生选衬衫的能力。

Tips　选衬衫要格外注意衣领大小，以穿好之后能够塞进一根手指为宜。
衬衫是品位的象征之一，衬衫口袋应用来装饰，而非装杂物。

1.8 看男人从他穿的鞋和袜子开始

弈翎说："鞋和袜子，也是一个男人着装的门面。"

一位企业家告诉我，他判断客户是否靠谱，首先会关注对方的鞋子是否干净，在商务场合穿着落满灰尘的鞋子，你的形象必然会大打折扣。

那么，除了干净之外，男性在选择鞋子时候还要注意什么呢？

首先选择什么类型的鞋？许多男性因为职业关系，不需要穿正装皮鞋，那平时就可以选休闲鞋或者运动鞋。比如地产项目的从业者，要去工地看项目进度的话，自然不能穿皮鞋，更应当考虑方便和舒适。

其次，怎么选择商务皮鞋？商务皮鞋一般为六孔、八孔、十孔的三节头的系带款，颜色以黑色和深棕色为主。有些男性不喜欢穿商务皮鞋，觉得不舒服，不妨去手工皮鞋定制店，根据脚型，足弓等细节去定制一双商务皮鞋。意大利以手工艺品著称，当地的手工鞋价格合理，品质不输大牌。专业手工皮鞋定制通常需要一个月到半年的周期，他们会给每位顾客提供专属鞋楦，制作过程中提供两次以上的试穿服务。尽量不要在网络定制手工鞋，毕竟在实体店可以和店主充分沟通并多次试穿，这是网络定制所无法实现的。

男性如何选择合适的袜子？

十七世纪的欧洲贵族，穿着打扮十分讲究，当时流行的长筒丝袜、吊袜带，并不是女性的专利，我曾在欧洲一幅画作上看到男性长筒袜的袜口用蕾丝做装饰。不要以为随便从衣橱里找出一双棉袜，就可以搭配正装。标准的正装袜颜色大多是黑、灰或藏蓝等深色，以单色和简单的提花为主，材质一般为棉、毛和弹性纤维，既吸汗透气又松紧适度。正装袜要求薄而不透，且长及小腿肚，这样才能保证男士坐下时，不会在西裤边和袜边之间露出一截皮肤。搭配礼服的话，首选黑色丝质袜和哑光质地的薄羊毛袜。如果选择浅口无带皮鞋搭配晚装，那袜子尽量选择薄款。真丝或者薄款羊毛袜因为材质原因，穿起来可能会打滑，所以要搭配鞋子来看。

男士们袜子的长短相对于女士们来讲要简单很多。一般来讲，有四种长度的男士袜子，分别是船袜、短袜、中袜以及长袜，主要根据着装来选择。船袜是其中最短的一种，也称之为隐形袜，可以被隐藏在鞋子中，一般船袜会和帆布鞋、板鞋和运动鞋进行搭配。穿短袜时会露脚踝，这也是较常见的穿法之一，短袜一般到脚踝附近，也会和运动鞋、板鞋搭配。中袜则是长度盖过脚踝，一般不挑鞋子，但也要注意穿衣风格。长袜到小腿中部，一般和皮鞋搭配，在商务场合穿。

曾有人问我："为企业上培训课能不能穿花袜子？"我说："上课不可以。"后来和一位意大利男装品牌负责人聊到这些细节问题，她和我分享了一个观点："花袜子带来的不仅是不羁，还携带着趣味和灵动，穿得好还是不错的。"后来她发了些花袜子的图片给我，确实有着另一番时尚。

随着潮流发展，我们也要多去了解不同的观点，选择适合自己的衣物和生活方式。

> **Tips** 男士选择正装皮鞋时，不要怕麻烦，需多次试穿，以免后期磨脚。
> 男士选择袜子的标准并非一成不变，搭配合理才是标准。

第 2 章

配饰之美

2.1 珍珠选对了，你更精致

弈翎说："总有一两件配饰陪我们
到老，珍珠便是其一。"

工作后，一位故人送了我一条长长的珍珠项链，我爱不释手，一戴就是十年。后来，我陆续收到过许多珍珠项链、手链，有了耳洞后，也买过珍珠耳钉。我愈发喜爱珍珠，最近的新宠是马贝的耳钉。我曾让师傅将300颗珍珠缝制到毛呢外套上，每次穿上那件外套，都会平添几分自信。如今，那件外套已经不穿，但那份待它成衣的心境一直都在，朋友寻来300颗珍珠的情意，也一直都在。

珍珠高级又百搭，是我极力推荐的女性配饰。

珍珠是怎么来的呢？我们常见的珍珠配饰，是真的珍珠还是用贝壳粉压制而成的贝珠呢？

　　一些贝类软体动物会分泌珍珠液，通过蠕动身体把异物排出。然而，随着不断蠕动，这些珍珠液被包裹得越来越大，慢慢变成了珍珠。美其名曰，珍珠是贝壳的眼泪。常见的珍珠一般人工养殖居多，分为淡水珠和海水珠。淡水珠和海水珠光泽度不同，而且地域不同，海水珠也有很大的区别。奢侈品牌用来做配饰的珍珠一般用贝珠居多，因为贝珠大小可以完全一样，光泽没有太多变化。

　　很多品牌配饰都会有钻石、珍珠，这类配饰的成色与品牌无关，品牌都会有溢价。如果预算有限，购买百元左右的淡水珠就好，可能尺寸小，可能是近圆。抛开品牌溢价的因素，珍珠越大越圆、光泽越好、越无瑕疵就越贵。要求高一点的朋友，尽量选择正圆、光泽好的淡水珠。如要长期佩戴的话，建议选海水珠。

　　关于珍珠耳钉，直径 6～9 毫米的耳钉适合大部分人，价格也适中。直径超过 1 厘米的耳钉，如果再要求光泽好，价格会高很多。此外耳钉过大，也显得不够秀气，要综合考虑个人体形和耳垂的大小。

关于珍珠项链，许多朋友会认为佩戴珍珠显老气，这是一个误区。电影里的富太太都爱戴珍珠项链，这些珍珠尺寸都比较大，直径在 1 厘米以上。职场女性日常佩戴选择直径 6 ～ 9 毫米的珠子就可以，此外可以选长一点的款式，常见的项链长度在40 ～ 45 厘米，不适合脖子较粗的朋友。

影响珍珠价值的因素有以下几方面。

珍珠的大小。主要看直径，直径 5 毫米以下为普通珠，6 ～ 8 毫米为中等珠，8 毫米以上为大珠。10 ～ 12 毫米是一个级别，12 ～ 15 毫米又是一个级别，而 15 毫米以上就是具备收藏价值的珍珠了。

皮光。指珍珠的光泽。光泽好的海水珠称为"小灯泡"，可以照出人影。大家可以对比，海水珠和淡水珠的光泽肯定不一样。

净度。指珍珠表面是否光滑，是否有瑕疵。我买过日本的海水珠项链，珍珠本身透着粉色的光。因为价格不太贵，我自然也接受每颗珍珠上大小不一的瑕疵。如果要打孔做耳钉或项链，可以选择只有一处瑕疵的珠子，在瑕疵部位打孔，这样做出来的饰物极具性价比。

皮色。指珍珠颜色。这与市场消费文化有关系，近期流行澳大利亚白珍珠和大溪地珍珠。大溪地珍珠的普通珠不贵，孔雀绿珍珠相对稀少且贵一点。日本近期流行渐变色珍珠项链，配齐那么多颗不同颜色和相同尺寸的珠子不容易，一套渐变色珍珠配饰自然就珍贵。

日本珍珠品牌御木本的地位，类似于爱马仕在奢侈品中的地位。我买过日本塔思琦和御木本的珍珠，也买过 Akoya 的珍珠，从性价比来说，我比较推荐极光的 Akoya 珍珠。海水珠项链可以考虑在一些珠宝展上购买。关于珍珠中天女珠、花珠的说法，其实只有带日本珍珠研究所证书的珍珠项链才能被这样称呼。不带证书的珍珠项链或裸珠是不能这样称呼的。所谓花珠级、天女级只是一种销售用词。

在搭配方面，我会用直径 1 厘米以上的短珍珠项链搭配套装，用可以绕三圈的长珍珠项链搭配素淡的旗袍，要是搭配休闲套装的话，可以选择尺寸小一点的珍珠项链。

Tips

对职场女性来说，可以选择直径 6~9 毫米的珍珠作为日常配饰。

同样预算情况下，请选择更圆、光泽度更好、更无瑕的珍珠。

2.2 一只玉镯戴一生

弈翎说："黄金有价玉无价，贵的镯子不一定就是好的。时光洗涤过的老物件，带着我们所有美好的期许，冥冥中也会守护我们。"

我的床头柜里放着两只有裂痕的玉镯，有朋友建议我拿去包金后再戴，但我怕镯子再戴会碎掉，索性一直放着。我们和每件物品的缘分，有的是一辈子，有的可能是一段时间。

老话说："人养玉三年，玉养人一辈子。"我的第一只翡翠镯子是在厦门出差时买的，那时我根本不懂"冰种""紫罗兰"这些术语，更不懂石棉和裂痕，就觉得看着通透，虽然尺寸有些大，戴在手腕上空出一大截，最后也买了。其实真正选玉镯，应该比着手寸买。戴上不掉、不晃，才不容易磕碰。

在职场中，看到别人手上成色极好的镯子，我都会侧目夸赞。我为银行相关人员做培训时发现，大部分银行是不允许员工戴镯子的，但有一家银行允许员工戴。我想，除去这家银行管理层对玉文化的认可之外，还有可能是他们的部分客户也戴玉镯，员工有和客户类似的配饰，在交流时又多了一个话题。

我们该怎么选一只适合的镯子呢？

镯子的选择不要单从价格上去考虑，不一定贵的就是好的。很多商场的玉镯价格虚高，哪怕打一折出售，也是天价。在旅游购物区也尽量不要购买玉镯，一是真假难分，二则这类地方真正卖给游客的好货少，甚至会强制消费。

购买的时候要考虑自己手寸，网上有许多测量手寸的方法，我更建议现场试戴。例如我的手寸是14厘米，适合佩戴小于55毫米内径的圆镯，之前我买过内径接近60毫米的手镯，会晃，容易磕碰。如果是贵妃镯的话，比平常戴的尺寸要大2毫米。

手镯要整体均匀干净，没有明显杂色。有些商家会说，玉镯无裂无纹。玉石是天然的，难免有裂痕，**着重注意不要有横裂**，横着的裂痕磕碰时容易让玉镯碎掉。购买时，多用专业电筒照照镯子。

懂的人买玉镯，会先考虑种水，再是颜色，玉镯种水好，才可以养得更好。

最后，在佩戴和观赏时，建议大家不要用手拿玉镯的外圈，这样的拿法容易滑落，摔碎镯子。要用手把镯子整个钩住，再拿起来观赏和佩戴，才不容易掉到地上。

我曾说过，想要一只一辈子不取下来的镯子，但是在选择配饰上，我们很容易喜新厌旧，不戴了就好好保存起来，传给下一代。

Tips　商场内标价虚高再打折的玉器，通常品质不佳，要避免落入陷阱。
购买玉镯尽量试戴。

2.3 钻石没有品牌之分

弈翎说:"建议大家为钻石本身的
价值买单,而不是为过多的品牌溢
价买单。"

我喜欢看钻石在灯光下熠熠生辉的样子。在欧洲看展的时候,看着博物馆的灯光打在钻石戒指上,整个人的心情瞬间都会明媚起来。

不管大小,每颗钻石总会发出属于自己的光芒。许多朋友在选购钻石时都会产生各种疑虑,品牌店铺店员会提到晦涩难懂的"4C"等词汇,不同品牌的钻戒价格差距也挺大……

我走访了欧洲一些知名钻石品牌店之后,也在国内同几位珠宝工作室创始人聊过钻石的话题,总结出一句话：钻戒有品牌之分，钻石没有品牌之分。

通常过度渲染某些钻石品牌的言论，我是不太认可的，比如"某某品牌的钻石就一定好于其他品牌"等话语。不同的品牌都有不同的溢价，我曾对比过两家珠宝品牌，同样是 70 分的钻戒，价格差了两万元。

世界知名品牌当然有它们历史悠久的品牌文化，以及过硬的钻石品质和优质的服务。不过在买珠宝的时候，我更建议大家为钻石本身的价值买单，而不是为过多的品牌溢价买单。

伦敦邦德街有好几家珠宝品牌店铺，如 Harry Winston。节日期间整个邦德街人流量不算少，不过高级珠宝店的顾客还是不多。我进去闲逛，除了感受到大钻镶嵌的气派，也体验到了细致入微的服务。店员细心地把我试戴过心仪的款式和退税后的价格写到名片上，双手递给我，并将我送至门口。这些举措深深体现着品牌店铺的服务品质。

大家购买钻石主要考虑"4C"，即钻石的净度、重量、色泽、切工。但也不能只看"4C"，除去品牌来说，"4C"参数占80%的考虑因素吧。行内人说，有些顾客会去网上搜索"4C"的知识，到品牌店按照这个标准去比较，并没有考虑钻石的隐形指标。即便两颗钻石都是H色，但H色也分高中低象限，如果他们自己或者给相熟的朋友选，肯定会选择高象限的。有些参数差一点点就会导致价格浮动很大，建议不要过度考虑这些参数。普通人不会仔细了解钻石参数和品牌，通常看的就是大不大、闪不闪。

主石定了，再考虑款式。婚戒建议选择经典款式，不容易过时。比如Tiffany经典六爪，卡地亚牛头四爪，牛头四爪的镶嵌方式特别显钻。如果作为配饰，可以考虑围镶、群镶、车花片等款式。为了搭配手表，我买过两款主石不太大的群镶钻戒。群镶钻戒如果钻石间隙比较大，在家清洗很费事，可以拿到珠宝店保养和清洗。有些群镶的小钻，如果工艺不好，还容易掉钻。

关于镶嵌的材质，国内通常用铂金、18K金多一点，两者各有优势。铂金价值高，18K金硬度高，不容易有划痕。我看到过用14K金、9K金镶嵌的钻戒，这些品牌更加在意珠宝的款式，对于镶嵌材质没有那么在意。

许多朋友会去珠宝设计师的工作室定制钻戒，这样可以满足个性化刻印需求，如指纹、音波、画像、字母、文字和符号等元素。个性化的东西，才有专属的感觉。

我在看书写字时，会有戴配饰的习惯。灯光下看着闪闪发亮的钻石，心情也会莫名地美丽起来。钻石大小不重要，成色也不重要，我们拥有钻石，更多是拥有一份长期佩戴的心情，一份见证某个历史时刻的意义。

Tips　钻石证书五花八门，其中最有参考价值的是 GIA 国际证书和国检证书。

普通人不要为参数相差极小但价格相差很多的钻石买单。

2.4 为你加分的"古董"配饰

弈翎说："某些文化和历史，不是
为一件物品定价的决定性因素。"

这里的"古董"加了引号，它指的不是传统意义上的文物，而是时光洗涤后，带着岁月痕迹的老物件。

有一次，我和一位姐姐喝咖啡。她手上的玉镯，在阳光偶尔照到的地方，澄澈通透。她说，这只镯子是一位艺术家朋友送的，有些年头了，谈不上"种"和"色"，只觉得跟自己有缘分，她很喜爱，便长期佩戴。我们身上的每件物品，都彰显着个人审美。对新时代有思想、有文化的女性来说，配饰也是我们的加分项。

关于配饰，我总结出三个关键词：专属性、高级感、辨识度。专属性是指戴上一件配饰，要让人觉得你可以驾驭，不是小孩子强穿大人鞋的感觉；高级感是指配饰的质感，比如一些跳蚤市场的"古董"耳钉，有分量和没有分量的感觉肯定不一样；辨识度，是说要让人看到某件物品就想到你，如某款胸针、某只镯子、某个戒指。

时下流行的"古董"配饰，常见于国外的二手市场。我每到一个国家，都会去当地的古董市场。从质感来说，欧洲的"古董"配饰好于日韩。从价格来说，日韩的"古董"配饰价格好于欧洲。国内大部分人接受不了二手物品的文化，当然有些店铺也有保存完好的新品。

在德国、英国、日本等国家的古董市场，热销的物品主要是耳饰、手表和稀有皮质的包，"古董"配饰大多只有一件，几乎不会撞款，很受时尚人士的喜爱。

选择这类配饰，要考虑价格，更要考虑和衣服的搭配。不要相信卖家讲述的故事，比如某个手表是谁用过的，或者代表某个年代的文化。**某些文化和历史，不是为一件物品定价的决定性因素**。配饰是为我们服务的，不是收藏家，不需要考虑是否升值。即便某些物品有升值的可能性，也可能有价无市。试想，真正着急变现，急需用钱的时候，它能顺利出手吗？购买"古董"配饰也是同样的道理。如果卖家用升值、保值来抬高配饰的价格，要多加小心。

推荐伦敦诺丁山集市的"古董"配饰，那里的耳钉、耳环款式相对新颖，也有不少款式带着岁月的痕迹。耳饰尽量选择有分量的，不需要太夸张的款式。另外那里的纯羊绒围巾也不错，值得一看。

如果喜爱戴胸针，就要在古董集市多花点儿心思，挑选别致的款式。国内夜市或者一些配饰品牌的胸针款式差异不大，再贵一点的珠宝品牌胸针有设计感，真金真钻镶嵌，但随便一款价格都几千上万，有些贵了，不如选择有特色的"古董"胸针。

能给我们加分的配饰有很多，能让我们戴出感情的配饰不多。希望所有姑娘都有一件可以陪伴终老的配饰，不考虑传承，单是佩戴，能让我们心生欢喜便好。

Tips　一件有辨识度的"古董"首饰可以加深别人对你的印象。

不要轻信卖家的故事，为卖家鼓吹的升值、保值付更多钱。

2.6 画龙点睛的胸针

弈翎说："搭配不遵从教条，不拘泥于某种说法或某位老师的观点。从模仿到有独到见解，形成自己的风格，才是终极目标。"

胸针是不少姑娘秋冬大衣上必不可少的配饰，也有些朋友把不同的胸针作为自己标志性的配饰。我研究过一些现代品牌的胸针和国外的古董胸针，也在设计工作室定制过胸针，发现胸针的选择需要充分考虑场合。从礼仪上讲，有社交场合、职业场合、休闲场合，但实际操作中，我们只需要考虑职场内和职场外两种场合。

职场用的胸针造型不要太夸张，风格不要太可爱，**质感排在第一位**。为什么说胸针造型不要太夸张，风格不要太可爱呢？因为太过夸张的款式不好搭配整套衣服。胸针主要起画龙点睛的作用，不需要抢眼。太可爱的配饰容易让人忽视你的专业能力。

我曾戴着一对珍珠耳环自拍，这对耳环是买衣服的赠品，质感一般。我把照片发给一位好友，虽然她不研究时尚，却反馈说，耳环质量一看就不是特别好。后来出门谈事，我立马换成了马贝耳钉。不研究时尚的朋友，都可以一眼看出配饰的质量，所以胸针有没有质感，大多数人都能看出来。有些淡水珍珠镶嵌锆石的胸针，在灯光下璀璨夺目，但拿到自然光下往往经不住细看。

职场如果需要辨识度高的胸针，不少朋友会选择香奈儿的双 C 款。经典的配饰不过时，但自身气场不够的话慎选。随着流行的演变，如今大家更热衷于选择香奈儿的异形款胸针，但好看的异形款价格都不便宜。罗意威有款金色带 LOGO 的胸针，搭配正装不突兀，搭配休闲一点的外套还有俏皮的感觉，辨识度也比较高。

除了大品牌的胸针，我们还可以关注一些博物馆的艺术衍生品，我曾在巴黎毕加索博物馆买过一款颇有设计感的胸针。

关于国内设计师品牌，推荐张小川的作品。选择独立设计师品牌，想要的是那份独特，那份与众不同。预算够的话，可以去珠宝定制工作室，选上好的材质，请设计师量身定制几款适合自己的胸针。

关于材质，可以选择珍珠、纯银、纯铜等，显得厚重。水钻类材质，如果品相不够好的话慎选。

有朋友问我，胸针该佩戴在哪边呢？英国女王、王妃等都是胸针爱好者，她们都会把胸针佩戴在左边，这是比较有仪式感的做法。日常搭配也可以灵活一些，比如牛仔外套可以搭配多个款式的胸针，还可以戴在衣服领子上。或者把胸针别在白衬衫的领口中间、礼服的背部、衣服的肩部等。总之，任何你想要吸引大家目光的地方都可以。

Tips　胸针要别致，但不能喧宾夺主，特别是在
职场中，作为特别的点缀即可。
质感是胸针的灵魂，其次才是款式。

2.6 高跟鞋驾驭心得

弈翎说，"重要场合，我们的装扮除了要好看，还要考虑舒适度，这样才会自如。"

时常有姑娘问我，穿什么样的高跟鞋可以站一天不累？事实上，只要是鞋跟高的鞋子，穿着站一天都累。

选择高跟鞋的时候，要考虑当天的工作环境和时长。每天长时间站立工作的人，建议选择 3~5 厘米的鞋跟。如果单位没有严格要求，试下流行的"小猫跟"单鞋也行。要是选择鞋跟 7 厘米高的鞋子，一定要考虑是否"好穿"。"好穿"指的是，穿上之后走路稳、不磨脚，长时间站立相对不会太累。

为了"好穿"，材质上首先考虑真皮，羊皮鞋比牛皮鞋软一点。建议下午买鞋，因为下午脚会大一点。有些朋友可能会遇到这样的情况，平时穿37码的鞋，但是店铺只有36码或36.5码的鞋，店员会说，鞋越穿越松。真皮的鞋穿一段时间会松一些，但漆皮、丝绸、布料的鞋，穿一段时间之后，大小是几乎不会发生变化的。偏大的鞋，会显得不秀气。如果实在喜欢，可以加半码垫。为了让鞋更加"好穿"，选择时还需考虑鞋楦和足弓。

一双鞋自己能不能驾驭，穿上走几分钟就知道了。如果磨脚，感到不舒服，在大型活动场合就不要选择这双鞋，新鞋都需要时间磨合。

对每一双鞋都应该认真对待，好好养护。鞋、配饰都是我们呈现给别人的细节，不要输在细节上。想要鞋不变形，最好的办法是，在不穿时用鞋楦撑起来，推荐雪松鞋楦。冬天的鞋容易潮湿，要准备个烘鞋器，定时烘干。

真皮大底的新鞋买回来，建议穿一段时间再去加底，因为加底后可能走路不舒服。也不要老穿一双鞋，要给它休息的时间。如果遇到特别喜欢的鞋，可以多买一双，换着穿。

> **Tips**
> 不要买尺码不合适的鞋，否则它会束之高阁。
> 不迷信品牌，每个人脚型不一样，选鞋一定要多尝试、多感受。

2.7 独一无二的小众手工品牌包

弈翎说："一个包能陪伴我们许多年，也是一种很深的缘分。"

我在"用奢侈品的三个境界"这个话题中提过，物质和精神都极其丰盛的情况下，人们已经不太在意品牌，用什么、穿什么，最高级的表现是遵从内心。

在选择配饰时要考虑质感和搭配，还要考虑款式的独特性。提到英伦风格，我会想到"老派""传承"等词语。老派不代表守旧、过时，部分欧洲品牌更注重精工细作。我在佛罗伦萨旅行时，遇到一位鞋履店的老板，拿着手工鞋子一再给我强调，这是意大利制造的，他们对于自己的工艺特别自信。

包的可买性，无需执着于大品牌本身，随心取意，喜欢就好。在这个物质丰盛的时代，越来越多的人活出了洒脱意味，比起在意 LOGO，更愿意去着眼设计和工艺，以及小众品牌本身的情怀。**快节奏的今天，一份全手工做的产品，慢工出细活的匠心本身就值得敬重。**

我出国时候不太买衣服，特别是差价不太大的品牌，哪里都有，没有可买性。在欧洲国家，我更多会关注价格相对好一点的奢侈品，也会考虑当地的小众品牌包。向大家推荐几个上街不容易撞款的小众品牌包。

以极具辨识度的金属杆为标志的 Strathberry，是英国爱丁堡专营奢华皮具的品牌，产品均采用最优质的西班牙皮革手工制作。Strathberry 是由一对夫妻搭档——Guy 和 Leeanne 创立。在西班牙手工皮革产区的旅行启发了 Guy 和 Leeanne 对包外形的设计实验，他们构建了标志性的 Strathberry 风格的纸模型版本。国内外众多名人陆续都成了他们家的粉丝。

对这个品牌的深入了解也是缘分。我在伦敦闲逛时，去过拱廊，拱廊曾经是皇室购物的街道，如今也是伦敦颇有特点的购物街道，一些曾为皇室服务的品牌和中古表品牌都在这里。在 Strathberry 的店铺偶遇中国区品牌大使，我们交流了 Strathberry 品牌的知识，并得知该品牌也为一些大牌代工。试包时，细看走线和皮质，从质量上来说不输大牌奢侈品。那天走得太匆忙，到了伦敦机场候机，才有些后悔，没请这位大使在我们自媒体做一期访谈，同大家聊聊小众品牌的包。

第二个品牌是 Smythson，1887 年创立于伦敦邦德街，主营高级手工文具制品，可以为客户提供独特设计，满足不同需求。在邦德街和大型商场都可以看到这个品牌，具体定位是英国豪华皮革制品。我查阅了下该品牌的资料，确定有着被皇室认可的历史。在 1964 年，Smythson 首次获得皇室认证，随后又获得来自威尔士亲王以及伊丽莎白女王分别授予的皇室认证。2002 年，第四枚来自爱丁堡公爵颁发的皇室认证再次见证了该品牌在英国皮具及文具品牌中不朽的地位。

我们可以从这个文具品牌中选择笔套、笔记本、卡包、钱包等小物件，使用的时候，精细的工艺很容易唤起内心的愉悦感。

第三个品牌是 TUSTING，这是一个产自英格兰中部的手工包品牌，专业的制作团队全部来自英格兰 Lavendon，专门生产精美手袋和皮革制品。早在 1875 年，TUSTING 皮革厂就已经开业了，最初 TUSTING 是以制作皮鞋而起家，几代人的精耕细作护航着这个品牌的口碑。据说，英国的凯特王妃也是该品牌的用户，她的一只 TUSTING 手袋用了 10 年之久。

第四个品牌是 Francesco Rogani，这家百年纯手工包店在罗马西班牙广场的名品街上，距离爱马仕不远。这个品牌的包大部分是牛皮，且全球只有一家店，不容易和其他品牌撞款。我去罗马旅行时来到这家店，正巧家族创始人的女儿也在店里，一起聊了些皮具护理的话题。她提到 Francesco Rogani 包包防尘袋是用来清洁包最好用的工具，灰尘轻微污渍包括五金部分都可以用防尘袋做清洁，特别方便。相对来说，Francesco Rogani 的包使用一段时间后，五金比其他品牌更容易掉色。

最后一个品牌是在米兰看到过的SavasMilano。瑞典的品牌，意大利制作。前两年这个品牌的"购物篮"款很流行，有博主热推，不过上班不太合适。SavasMilano在北京的老佛爷、深圳和广州的商场，以及官网都有售。每个品牌都会有自己经典的元素，比如LOGO，比如某些特殊材质，SavasMilano金色的鹿头，闪闪发光的样子立马让挎包的人夺目起来。

Tips 选择小众品牌的包，更注重独特性。
精工细作的小众品牌包，更有收藏价值。

2.8 能提升气质的围巾

弈翎说："随身携带围巾，就像随
身携带了一袭温暖，遇任何寒冷天
气都不慌忙。"

我出差都有带一条披肩的习惯，大大的羊绒披
肩的保暖程度相当于一件外套。在外培训多的日子，
今天在北京，明天在上海，下一站不看行程都不知
道在哪里。连轴转的状态，最怕身体出问题，怕感
冒，怕不能说话，这时围巾就会带来最贴心的安全
感，冷了随时披上。行走于不能掌控的世界，要随
身携带一袭温暖。

围巾不只是冬天可以用到，乍暖还寒时，也是
必不可少的配饰。我们总该有点小物件，首饰也好，

围巾也罢，包也可，拿出来使用的时候，它总令我们心底开出花来。

春夏时节，丝巾或者轻薄型的围巾用得多一些，兼具配饰和保暖的功能。市面上丝巾的质量参差不齐，真丝丝巾常见的是素绉缎和真丝斜纹的面料。大品牌相对用斜纹面料多一点，系着效果挺括一点，看起来更有质感。素绉缎面料有缎面的光滑感，如果真丝姆米数不高的话，洗几次容易显旧。

丝巾的尺寸，常见的是 45 厘米边长和 90 厘米边长的方巾。空乘制服那样玫瑰花的系法太正式，平时轻松随意点的系法更合适。除了三角形系法，还有水手结，钻石结等系法。想要时尚一点的搭配，也可以把小长巾或者方巾系到手腕上。**丝巾尽量选择手工包边的全真丝质地**。搭配法则很简单，丝巾上的颜色有衣服上的颜色就行。如果衣服纯色，丝巾则可随意选择，仅需参考配饰颜色。

秋冬季节，丝巾首选材质是羊绒、羊毛或丝羊绒。从实用角度来说，寒冬可以选择 60 厘米 × 200 厘米的大披肩，为了方便携带，也可以选择小尺寸围巾，比如 30 厘米 × 180 厘米。

颜色上，如果贵一点的围巾，建议选择中性色，花哨的颜色不太容易展示品位。品牌的披肩各色花纹都有，真正可以驾驭的人不多。

关于围巾选择的误区，不是图案越多、色彩越丰富就越好看。要考虑自己肤色冷暖、现有服饰，以及出席的场合。如果衣服图案丰富，围巾要尽量选择纯色，呼应衣服或者配饰中的一个颜色。纯色围巾不少，纯色丝巾相对少，花色选择上不要艳俗。不要认为大红色就不好搭配，对于颜色选择可以多做尝试。我曾有一条戒指绒的红围巾，夏天常在机场或者高铁上使用，保暖性极好。课后与大家合照，那条大红色围巾就起到了画龙点睛的效果。只是戒指绒的围巾容易勾丝，用了几年后，又重新买了类似色的围巾。

在围巾的系法上，十几年前，明星走红毯喜欢披着围巾，如今再看，便显得老气了。现在的流行趋势是随意系起或者裹起来。

Tips 围巾除了保暖之外，还可以作为配饰，跟衣服搭配起来。
中性色的围巾更显质感和品位。

第 3 章

奢品之美

3.1 买包的进阶思路

弈翎说:"喜欢买包不是因为虚荣,而是辛苦一年后,给自己的犒赏,买到心仪的物件,那种开心就像寻到一件宝物,内心雀跃,却无以言表。"

包对于女性来说,除了是配饰,还藏着我们部分的安全感,比如有时候出门前再三检查口红、钥匙、粉饼等是否带齐。

二十岁时,我或多或少有些虚荣,更偏爱大牌或新款包,随着年龄增长,便会越发理性。

商场导购都会推荐限量款和新款,但我从来不迷信限量款和新款,更多会考虑实用、是否好搭配或者是不是已有类似颜色的包等实际问题。

对大部分人来说，肯定希望买的包陪着我们时间久一点。大部分品牌质量都不差，经过严格检验后才上市，品牌售后也很完善，无需过度担心质量问题。

那么，该怎么选奢侈品包呢？

首先，考虑品牌。从辨识度和审美上来说，首选爱马仕、LV、香奈儿。这三个品牌相对不太容易过时，在中古市场流通也不错。

在伦敦邦德街的爱马仕专卖店门口，我认识了一位上海姑娘，她想要一个 22 寸的灰色 PICOTIN，我则想买一个 18 寸的 PICOTIN，颜色好搭配就行，黑色除外，因为我有太多黑色的包了。因为要等一小时才开门，我们就去了另一家商场先看看。开门后，她第一个进去，却没找到想要的款式，她感觉很遗憾。这个姑娘和我说下午要去剑桥，要是买不到的话，只能去机场店碰运气。于是我们又折回邦德街的爱马仕店，一番沟通后，销售拿出一个橘色盒子。盒子打开的那一刹，她一个劲儿地说今天是自己的幸运日。陪她买完包后，我们相互告别。看着她远去的背影，我在微信上给她留言："**喜欢买包不是因为虚荣，而是辛苦一年后，给自己的犒赏，买到心仪的物件，那种开心就像寻到一件宝物，内心雀跃，却无以言表。**"

爱马仕的铂金包和凯莉，不容易立马买到。官方的说法是需要排队等三年。实际上，购买这两款包需要配货，国内是 1：1 或 1：1.5。意思是说，想买一个八九万元的包，得先花八九万元买其他产品，比如爱马仕的盘子、碟子、衣服、钱包等，还不能买其他某些款式的包，因为这类款式不算配货。当然销售中不能直接说配货，销售会暗示你："我们楼上新来了羊绒大衣要不要看看？我们满钻的镯子挺适合您，要不要试戴下？"言外之意是，先买了这些产品，才可能买铂金包。

国外配货大概是 1：0.5。普通皮质的包，在米兰卖 6000～9000 欧元（2018 年的价格）。加上退税的钱，比国内价格便宜一些。在欧洲，芬兰的爱马仕价格最好，其次是巴黎。巴黎总店购买需要预约，但巴黎总店人太多，可以去乔治五店和左岸店。如果在欧洲待得时间长，基本能够买到心仪的包。

其实大家去欧洲小一点的城市旅行，能买到心仪包的概率大一点。比如波尔多的爱马仕店，销售态度好，也不太会让顾客配太多货。或者去日本中古店，全新的也挺多。

其次，考虑颜色。如果是自己的第一个奢侈品包，建议考虑百搭的黑色、卡其色、灰色等。如果有很多包了，尽量考虑自己没有的颜色。比如一些可能只是适合某些季节的特别跳跃的颜色。还要考虑颜色是否和自己常穿的衣服、鞋子搭配。不需要为了一个包，再去配一套衣服。

款式、大小和颜色是可以同时考虑的。比如心仪的款式，试背的时候，更多考虑容量。一般某款包都会有几个颜色和不同大小，现在钱包不太用了，只考虑装手机、钥匙、口红等，中号到小号的包就行，此外，还要考虑和自己的体型是否相称，比如体型丰满的朋友，不是晚宴场合，拿个手包就不太协调了。

尽量避开网红款，它们和经典款有着本质的差别。它们可能是明星带火的，也可能是品牌方推广的结果。网红款的另一特点是，仿制品多。经典款是品牌方一直在售卖的产品，经过岁月的洗涤后，用它的人们还是津津乐道。比如香奈儿的 2.55 和 CF，LV 的老花系列，迪奥的戴妃包等。

对普通人来说，如果不是特别热爱某个品牌或者某种皮质，不需要购买稀有皮质的包。从价格上来说，同一品牌，稀有皮质的包是同款普通皮质包的两到三倍。以爱马仕铂金包为例，在国内普通皮质的卖 9 万元左右，鳄鱼皮的卖 40 万元左右。从保养来说，一些不好打理的皮质最好也不要考虑。比如浅色鸵鸟皮，脏了没法清理干净。鸵鸟皮可以考虑深色，越用越有光泽。

可能某个包、某个颜色难买，新推出的时候在代购手上要更贵一些。大部分品牌到了中古店，旧包的价格是原价的一半或者三分之二，当然具体情况要看包的成色。爱马仕鳄鱼皮的包，普通成色在国内二手市场基本上是对半折价，还不一定好出售。所以自用的包都不需要考虑升值和保值。

越长大，越要理性购物，选择适合自己的产品，人和物浑然一体，才有和谐的状态。

> **Tips**　二线城市的奢侈品包相对一线城市好买一些，也能得到更好的服务。
> 买包要量力而为，同样预算请选经典款。

3.2 手袋: 不只要买得起，还要"用得起"

弈翎说："包对女性来说，可能是安全感的存在，可能是搭配衣服的配饰，可能是征战职场的利器，可能是某件陪着我们从涉世未深到历尽世事的礼物，也可能是多年后留下的念想。"

周末难得空一天，我去钱塘江边参加了一个沙龙，听意大利的校董现场分享奢侈品的文化，也思考了许多。比如谈到"想要"和"需要"，外在的奢侈品，比如包包、手表、珠宝等，对我们的生活来说，并不是必需品。

没必要太在意新款旧款，能够搭配自己的衣服就好。我在欧洲也见过老太太拿着陈旧的 LV 包，反而有种岁月沉淀之美。

用哪一种包都无需炫耀。我们认为特别贵的包，可能只是人家的日常。某本书里的主人公有上百个包，她在谈论这些话题的时候，没有虚荣和炫耀，更多是女人"买买买"的快乐和拥有后的小确幸。

不要太在意包的磨损，奢侈品的质量不会太差，毕竟有严格的流程和专业的制作工艺，但用久了，肯定会坏、会磨损。某电视节目中，一位女性买了香奈儿的包，发现包没法站立，就要求退货。还有人买了 LV，用了一段时间，边油掉了，就去专柜大闹。我们都该理性一点，它们就是个配饰，不要期望那么高。

有人调侃说，辨别女孩子的包真假有办法，下雨时把包搂在怀里的是真包，放在头顶遮雨的就是假包。虽然这是个玩笑，我想说的是，**要爱惜配饰，更要爱惜自己**。还有人拿着奢侈品包，舍不得过安检的情况，如果换作几百块的包，可能就不会这样。

这种情况，只能说明我们还需努力，努力到能够随意购买你舍不得过安检的那个包。

女人的包和手表或多或少代表着某些实力，但不是所有人都可以驾驭爱马仕，在和长辈、前辈打交道时，用行业内标配的包就好。初入职场的姑娘，用的包还是要和自己的收入水平相匹配。

买得起一个物件，我们更要用得起一个物件。包包、首饰，它们就是让我们愉悦的配饰，不需要供着，也不需要像某些圈子一样，比爱马仕的皮质，追求限量色、限量款。物件需要爱惜，但它们也是为我们服务的，用轻松自在的心态去拥有即可。

Tips 配饰是为主人服务的，切勿本末倒置，过于呵护奢侈品，忽略自我价值。
奢侈品要和自己的财力和气质相匹配。

3.3 别做奢侈品的仆人，做它的主人

弈翎说："高贵，不是品牌的堆砌，而是骨子里的涵养。每件物品，都有属于它的缘分，遇到适合的主人，人和物才会和谐。"

有人为了买铂金包或者凯莉，对销售各种示好，甚至按照 1∶2 的配货去买产品。还有博主每天展示一只爱马仕的包，不外乎是分享皮质、颜色、搭配，她对品牌背后真正的文化可能并不了解。

我曾为了买一个 18 寸的灰色爱马仕"菜篮子"，连续一周，每天都会去伦敦的各个爱马仕店。后来，走在邦德街的路上，我问自己，为了一个包，值得花那么多时间吗？想通答案之后，瞬间释然了。后

来在格拉斯哥闲逛时，轻而易举就买到了这款包。**每件物品，都有属于它的缘分，遇到适合的主人，人和物才会和谐。**

有位读者跟我说，她还在读高中，学校有些女生就开始攀比用什么包。我很惊讶，回想十几年前读大学的时候，我们用的大部分都是平价品牌。

喜欢奢侈品，也要考虑是否适合现在的自己，是否有足够的能力去负担它们。不要为了虚荣，去购买假货，或者去买负担不起的品牌。就拿爱马仕包来说，有些款式明明只限量几个，网络博主们晒出来的已经不计其数了。

以爱马仕尺寸35厘米的铂金包为例，国内专柜售价9万元左右，欧洲售价8千欧元左右，可能每年会调价，代购手头的全新铂金包，一般在10万元左右，不好买的热门色还更贵。如果拥有十几只爱马仕包，买包要花上百万，具备相当的经济基础才负担得起。

其实有一定身份的朋友，不需要通过包来彰显自己的财力，他们甚至会随意用布包、环保袋。但对大部分工薪阶层来说，这类配饰属于符号性消费。一个圈子的人差不多会选择同类型品牌，或者跟客户圈子的配饰对等。大部分服务行业的人，都有看客户配饰的习惯。很多时候，人们都是先敬罗衣后敬人，我们没必要去苛责。如果预算够，买一个大牌经典款，这样的包陪伴我们的时间会更久。

Tips　永远不要为了虚荣和攀比去购物。足够了解一个品牌，再为品牌买单，可以避免许多陷阱。

3.4 奢侈品牌的服务给我们的启示

弈翎说："服务这个事情，不要太看重眼前利益，也不要势利，不要单凭你的见识去判断。"

我们关注奢侈品，除了品牌文化、历史背景等，也要思考，为什么它们是奢侈品，它们的服务有什么值得我们借鉴的地方。

奢侈品品牌销售人员的服务很少真正打动我，唯独一次在法国尼斯的香奈儿专卖店，我被销售员深深打动了。当时我试了几款衣服，不是特别满意。一位年纪较大的销售员陪着我试了两个小时，期间端上咖啡和点心，每款衣服真心实意给意见，那种感受仿佛就像一个老朋友陪你逛街，不合适的衣服绝对不会让你乱花钱。

虽然奢侈品服务是一对一的，一旦专柜人多，也容易服务不到位，销售人员很难和客户有更加深入的交流。还有的销售人员喜欢"看人下菜碟"，根据客户的打扮来决定服务态度，这种行为是不提倡的。

我见过一些手表品牌销售人员的服务是值得学习的。我在邦德街的百达翡丽专卖店看表时目的很明确，想要有金有钻的款式。其实我已经看过好多手表品牌，唯独百达翡丽专卖店准备了咖啡和马卡龙。有些品牌可能不会考虑客户要不要喝东西，店里如果只准备咖啡，人们喝东西的时间相对不长。如果加上点心，客户在这里停留的时间更长，对销售人员来说，成单率也会更高。

为什么大部分手表品牌都会有一个能让客户坐着选表的区域呢？因为贵的东西肯定要坐下慢慢选，客户通常不会立刻做决定。珠宝或者其他奢侈品品牌店的销售，通常会在客户一进门就安排落座。站着和坐着，人的心态肯定不一样。坐下心态会好一点，销售也会有足够的时间去交流。

服务不能着急，不要太看重眼前利益，这是奢侈品品牌给我们的启示。一些奢侈品的销售会过度关注客户的行头，衣着光鲜的客户，服务态度就好，不是，就不好。做任何事都不能这样，他今天不是潜在客户，不代表以后不是。在每一次服务中，我们的用心和真诚，客户肯定可以感受到。

爱丁堡有一家纯手工品牌叫苏蓓睿，我在那里跟中国区的形象大使交流过。她热情地和我聊了许多关于包的工艺，告诉我他们曾给一些大牌代工。后来我发了个朋友圈和微博，朋友有购买意向，我便把负责人名片推了过去。有的缘分就是：我认可的东西，你们恰好也喜欢。假如那天他们对我不是那么热情，服务不是那么好，那作为消费者的我来说，不一定会去推荐。服务是需要口口相传的，无论是对企业还是个人来说，服务态度好是最基本的要求。

关于奢侈品品牌服务流程，以路易威登为例，客户到店，有专人负责预约，接下来客户需要在等候区等候，等销售人员服务好上一位客户后，再对这位客户提供一对一服务。旅游旺季或者节假日，奢侈品牌店门口经常需要排队，这既是为了保证每位销售人员的一对一服务，又是奢侈品牌给客户尊贵专属感的体现。

在奢侈品品牌的服务中，会有人专门用卡片记下客户试过或者有意向购买的款式。我曾仔细观察了某品牌销售人员用来记录的纸和笔，都是专业定制和特别设计过的。每一个细节都在展示品牌的实力。

在奢侈品品牌林立的邦德街，一些品牌为什么能成为老店，我想除了品牌历史文化和质量外，感动客户的服务也是其中之一吧。

Tips　好的服务是长远的、持续性的，以客户需求为出发点的。

许多情况下，好的服务比好的口才更能促成交易。

3.5 请给自己选一件"贵价货"

弈翎说:"一件配饰陪伴了我们很多年,早已超出了原本的意义,成了见证我们成长的一位老朋友。"

精品和"贵价货",是指在我们能力范围内的选择,而不是过度消费。我们要的一切,没有人会平白无故地给我们,都是在慢慢努力积累,付出辛苦之后才能获得。

这里的"贵价货"主要是说配饰。它可以是你用一个月工资购买的一颗小钻石,可以是你拿了年终奖后买的一对蓝宝石耳钉,也可以是你拿到项目提成后买的一条海水珍珠项链,总之是让你特别珍爱的物件。

有两位朋友的配饰让我至今还记得。在天津培训时认识的一位私人银行的女性高管，她耳朵上闪耀的蓝宝石耳钉，低调而华丽。还有一次，和一位前辈喝咖啡，她手上戴着鸽血红宝石戒指，那枚戒指在咖啡馆的灯光下，发出夺目的色彩，衬得咖啡杯都那么好看。

一位女性机构负责人跟我聊到配饰时说："郭老师，我们都是自己买得起钻戒的人。"我非常欣赏这样的态度，钻戒不一定订婚、结婚才可以戴。喜欢的东西，自己努力赚钱买。出色的工作能力赋予我们的底气，真的不一样。我们有买得起香奈儿的能力，才有敢收爱马仕的底气。

我在伦敦牛津街的一家英国本土珠宝品牌的店铺，买过一款碎钻镶嵌的戒指。在伦敦的一个月里，我每天都戴着这枚戒指，去看展、喝咖啡、吃西餐、喝下午茶。回到公寓，晚上写字也戴着。钻石在灯光下更璀璨，像有一道光指引着我踏实努力地前进，无形中告诉自己，要足够努力，才可以过喜欢的日子。

我曾戴着这枚钻戒去各式各样的场合，碎钻镶嵌的戒指自然没法和两克拉的钻戒相比，不过拥有一件喜欢的配饰的喜悦是一直在的，和多大的钻无关，有关的是我们可以掌控未来的能力。

我也买过莫桑钻的配饰，它比钻石便宜许多，近距离很难分清莫桑钻和钻石。我在佩戴莫桑钻的时候，也没那么爱惜，可能和它的价值有关，也可能我真正喜欢的是，一件配饰花了多少心思去拥有的心境。

有位博主推荐过一款自己佩戴的戒指，她的粉丝都在抢货。戒指不贵，粉丝争相购买的原因，是这枚戒指的故事。她一直做自媒体，从成都到上海，期间经历狗血的婚姻，再后来定居日本，这枚戒指一直陪着她。我们热爱的配饰，相信它会给我们带来力量。

工作相关场合用的包和表，尽量体面一点，一些轻松自在的场合用的配饰，有质感就行，不追求品牌。例如，大部分衣服的价格不是一眼可以了解的，但有些场合需要我们进行简单的实力展示，这个时候你的配饰很重要。所以，尽量多花一些钱，买有质感的配饰，或者买客户群认可品牌的配饰。对女性整体精致形象而言，一对无暇极光的海水珍珠或者帝王绿翡翠耳钉，比夜市上五十块钱一副的耳环会让人印象深刻许多。

贵一点的配饰，尽管买的时候会"肉痛"，但它会陪我们在职场拼搏厮杀，陪我们从懵懂少年到职场精英，陪我们去看这个世界的所有美好。

Tips
靠自己努力拼搏买下的"贵价货"，带给自己的满足感是无可替代的。
昂贵的配饰无需太多，有一两件可以长久佩戴即可。

3.6 人生进阶的正装手表怎么选

弈翎说："对中高管来说，正装手表是你身份象征的一部分。"

男士的配饰极少，不外乎领带、皮带、手表，国内不常用的口袋巾。企事业单位的领导普遍选择价格适中，款式低调的手表，而从事营销工作的领导更多会选辨识度高，以及匹配当下岗位的手表。

如今大家都用手机看时间，手表读时的功能被相对弱化，但对于中高管来说，出席活动场合，佩戴一块适合的手表，依旧是重要的事情。商业会晤中，初次见面，对方不知道你开的什么车，买的哪里的房，但举手投足间，却会注意你戴的表，继而猜测你的实力。

正装表要考虑是买一块还是好几块换着戴。如果要戴很久，那根据我们现在的能力、岗位、圈子好好选择；如果只戴一个阶段，以后还会有更进阶的选择，考虑相对简单点。

腕表品牌不一定只看世界十大名表，专业人士不看公价，不看品牌文化，他们只看机芯、性能、设计等。

对手表适当做一些了解和准备，可以让我们在一些场合不露怯。手表可以选在你的圈子里认知度高的品牌，也可以关注冷门、小众一点的品牌，懂表的人肯定都了解这类品牌。比如服务高净值人群的朋友，不一定非得选择辨识度极高的卡地亚蓝气球、欧米茄星座系列，可以看看播威。播威是有200年历史的制表品牌，现在认识的人也少，属于小众表款。某次看男性朋友手上戴了一款该品牌手表，着实迷人，戴这样手表的人代表不张扬，懂得选择适合自己的品牌。除此之外，也可以考虑独立制表人的品牌。男性可以关注万国、真力时、宝珀、昆仑、格拉苏蒂等，女性可以考虑伯爵 Limelight Gala 系列或者宝玑那不勒斯王后系列。

尽量选择有自有机芯的表款。与自有机芯相对的是统芯，机械表的统芯是指该表机芯是全国统一标准的，机芯是通用零件，可以互换。比如萧邦这个品牌，只有 L.U.C 系列才是自有机芯，其他系列都不是。一些时装品牌的腕表，真心没必要花大价钱去购买。

抛开公价来说，如果不是大热品牌的热门款，一些表行的价格也不错。如果预算一万元，那就不要选择鳄鱼皮表带的手表，考虑钢带。浪琴万元左右的男表和宝珀十几万元的男表的鳄鱼皮表带不是一个级别，真正好的鳄鱼皮都不便宜。

在职场，我们用到的手表功能是不多的，具备大三针小三针、月相、日志功能足够了，如果经常去国外出差，可能要考虑世界时。也有朋友把运动型腕表当成正装表佩戴，现在运动型腕表设计很时尚，不单只适合运动时佩戴。

总的来说，如果不是只买一块正装表的朋友，可以把考虑钢带、皮带的表款都配齐。如果选择贵金属材质，黄金表壳的表款近些年相对少一点，首选玫瑰金和白金，想要低调一点，就考虑白金。

Tips 选择手表，除了品牌和款式外，也要考虑搭配和品位。
不迷信十大名表，同等价位的小众品牌有时候会更显品质。

3.7 你对劳力士是不是有误解

弈翎说："每个人对品牌、款式都有自己的审美和偏好，去享受拥有的乐趣就好。如果暂时不需要或者没法拥有，我们可以去享受了解的乐趣。奢侈品带给我们的从来不是虚荣和炫富，而是眼界和品位的提升。"

课堂上和学员们聊起劳力士这个品牌，我问大家是不是觉得劳力士是暴发户戴的，好些学员不约而同地笑。看来，他们就是这样认为的。

为什么大家觉得劳力士的标签里面有"暴发户"这个词呢？主要是因为，劳力士在手表品牌中，金表相对多一点。而且它进入中国市场早，有一百多年了，认知度高，哪怕有朋友不知道百达翡丽，但一定知道劳力士。我在总裁班的培训课上让大家分享选择手表的经验时，十位企业家中，有六位说佩戴劳力士多一点。一位朋友说喜欢劳力士，特别是表圈刻度镶钻，金表带那款表，表有金有钻，寓意"有进有赚"。而且相对保值，在二手市场流通性好，折价率相对低。

朋友戴了十多年的劳力士，定期保养，依旧走时精准。而我的萧邦快乐钻手表，也不知道是在哪里碰到了大磁场，还是平时动作幅度太大，走时不准。许多女性都喜欢钻石手表，特别是其在灯光下夺目的样子，大家会为颜值买单。

有朋友觉得劳力士不好看，无可厚非，毕竟审美本身就是主观的事情。有些品牌经常推出新款，因为旧的款式卖不动了，需要新的元素来带动销量。但劳力士不是这样，手表造型十年如一日，没有大的变化，一个款式做到极致，不论质量还是工艺。

给顾客感觉是，买这个表，我可以戴上一辈子。一些快消品牌经常推陈出新，花上几万甚至几十万元去买一块表，过一两年就被停产或者变成旧款，那消费者做何感想？当然劳力士新款金表和旧款金表也会有细微差别，不细看挺难发现。

至于保值，主要是看它在二手市场的流通性。一块手表买时花费十万元，在二手市场可以卖出去七八万元，就算保值。很多时装品牌的手表在二手市场的价格只有原价的三分之一，这就代表不保值。劳力士的保值性是公认地好，比如劳力士大热的潜航者系列"绿水鬼"，公价七万元左右，二手"绿水鬼"十五万元左右。

伦敦以前供皇室购物的拱廊，有家特别出名的劳力士古董表专卖店。老板是当地名人，和伦敦上流社会人士都有交往，店铺有许多旅行的人去打卡。听说在那里可以找到你出生年代的劳力士。我曾在那里见过自己出生那一年的钢表，售价五六万元。

如果不执着于手表的年份，国内价格会更好。伦敦的古董表市场，在全球来说价格偏高，日本的古董表市场价格好很多。

> **Tips** 劳力士之所以在手表界地位稳固，除了质量好之外，市场认可度和保值率都很高。时装品牌的手表很容易打折，普通人没必要为新款买单。

3.8 手表保养和维修的误区

弈翎说："一块手表可能会陪着我们十年、二十年，甚至一辈子，该好好爱惜。惜物之人，也是长情之人。"

经常看到，手表还在保修期内，有人拿着手表去非官方售后的地方维修，在这些地方维修后，再拿到官方售后的地方就不能保修了。有些名表维修店不是某个品牌官方的维修点，他提供不同品牌的手表保养和维修服务，所以修表之前要考察好。

正常情况下，手表三五年左右去保养一次就好。有的朋友戴了一年就拿去保养，还有人戴了多年也没有保养的意识。以现在的工艺来说，手表在五年内出现问题的概率很小，所以不需要一年就拿去保养。售价 3000 元以内的手表，没太大保养的必要。石英表几年后要换电池，可以拿到专柜换，也可以去靠谱的名表维修店换电池，因为换电池不需要过多技术。

现在很多修表的师傅，会根据手表价值来决定石英电池费用。杭州皮市巷里有位老师傅，据说修过许多名表，坏了的古董表也能修好。我把自己的表拿去修，对方漫天要价，我从 5000 元一路砍价到 800 元。

有些手表走时不准，可能只需消磁就能处理好。但修表师傅会告诉你游丝出了问题，维修需要一两千元的费用，其实把表放置一周，再消磁就行。更有甚者，要是报价后客户不接受维修费，师傅一个小动作就可以弄坏零件，手表真的就坏了。所以有的表，是修坏的。建议拥有机械表的朋友，可以买个消磁器，有备无患。

保养和维修手表，关键是找到靠谱的修表师傅。不太贵的手表换电池，去普通钟表维修店就行，贵一些的手表，除了去专柜保养和护理，也可以找一些口碑好的表行。

关于手表表带的护理。钢带只需要清洗，牛皮或者稀有皮质表带，可以参考奢侈品包的护理办法，用貂油擦拭。贵金属表带，比如18K金表带，划痕太多，戴久了不那么明亮，可以去表行重新翻新。我有块18K白金表带戴久了光泽黯淡，用擦金布擦完后明亮了一点。划痕肯定是擦不掉的，需要打磨抛光。

制表工艺在进步，一块手表正常佩戴五年是不太会出问题的。如果有小问题，大家可以参考我上面分享的办法，如果有大问题，尽量先去专柜咨询。

Tips 贵重手表出现问题，首先考虑官方售后，再做决定，非官方修表店一定要看重口碑，而不是广告、装潢等因素。

用三凤海堂粉或者擦金布擦拭失去光泽的金属表带，效果不错。

第 4 章

国风之美

4.1 历代服饰的变迁

弈翎说："历代服饰的变迁，是人们审美观念的发展，更是人们一直对美不断追求的过程。"

《春秋左传正义》写道："中国有礼仪之大，故称夏；有服章之美，谓之华。"

每个朝代都有特定的服饰制度，皇帝、大臣穿的衣服都不一样。那历代服饰的变迁有着怎样的过程呢？

古代服饰的显著特征之一，是衣裳连属制和上衣下裳制。衣裳连属制也是深衣，指是上衣下裳在腰处缝合在一起的服饰。殷商时期是汉服早期形成时期，有上衣、裳和裤。根据礼仪，周朝的男性会戴佩玉，那时的玉器和现在的玉器造型、图案、寓意不一样，佩玉是多种玉器按照某些组合用绶带连起来的。

秦汉时期，也是我们文化艺术的鼎盛时期。喜欢汉服的姑娘常常会提到一个词语"曲裾"，曲裾是深衣的一种，是秦汉常见的服饰之一。马王堆出土的画里，其中一幅画中的贵妇，穿的是宽大的曲裾袍服。

在美术学院的讲座上，有位老师谈到魏晋风范，说了许多那时文人吟诗作画的轶事。我在苏州也见过俊朗少年穿着魏晋时期的汉服，挽着发髻，在游船上拍视频。魏晋南北朝三百多年的历史中，不同民族文化的碰撞，也使服饰文化有了一个新的发展时期。这时期宗教和玄学文化盛行，有一种衫成了时尚，类似我们现在穿的袍子，一件衣服裹起来，系上腰带，只不过那时衫的袖子特别宽大。

唐朝以丰满为美，杨贵妃是当时大众审美的标准之一。女性爱绿裙，白居易在《江岸梨花》中写道："最似嫵闺少年妇，白妆素袖碧纱裙"，"碧纱裙"是绿色纱裙的意思。有些古装剧里唐代衣服的领口特别低，研究服饰文化的老师告诉我，唐朝相对开放，但肯定没有开放到领口低到露胸的程度。那位老师拿出一件仿照唐朝服饰的汉服给我们看，我仔细比了下领口高度，和我们平时的 V 领衫差不多。

宋代的服饰相对拘谨保守，颜色没有唐代艳丽，以淡雅质朴为主。宋代服饰中衫褕式样较多，有圆领、直领、交领等。

辽金元时期的衣服，具有自己的民族特色。元代女子贵重的袍式有大红织锦、吉贝锦等，色彩以红、黄茶色、胭脂红等为主。再到明清服饰，是旗袍演变的基础了。清朝不同品级的官服，用什么颜色、款式、刺绣等都有严格规定。

我每去一个地方，最感兴趣的是当地博物馆，特别是关于服饰的展览。

Tips 历代服饰都有各自的特点，多阅读相关书籍，多去博物馆学习，才能更好地了解服饰的变迁。

4.2 汉服的气韵之美

弈翎说："在服饰文化中，唐朝是相对开放的，但也不像电视剧里那般大的尺度。所以平时无论穿什么，做什么样的展示，都要考虑是不是你该有的模样。"

在杭州这样的城市，随处可见穿旗袍和汉服的姑娘。只是我们在驾驭的时候，还是要多了解衣服本身的文化，才会人衣一体。

汉服也称华服，始于夏商西周，成熟于明代。

我在博物馆见过人类早期使用的缝制工具——骨针。最初我们的衣服分为衣和裳两个部分，上身为衣，下身为裳，交领右衽。交领右衽是指古时候衣服是右边开襟，大家看看自己的旗袍，一般是右边开襟，对襟的旗袍也有。

随着服装的发展，后来分为衣、裳、裤。秦汉时期有着辉煌的文化，也是古代艺术发展的一个高峰，那时贵妇都穿着宽大的曲裾袍服。

汉代除了流行的袍服深衣，女子服饰还流行短襦长裙，语文课本《陌上桑》一文中的罗敷就是典型的形象。"头上倭堕髻，耳中明月珠。缃绮为下裙，紫绮为上襦。"襦是短到腰部的上衣，裙是长到脚背的裙，襦裙也是此后的主要服饰之一。

"短襦长裙"的黄金比例是 0.618。这样的穿法可以显得身材修长，曲线玲珑。

随着历史的变迁，现代汉服不完全和古代一样，分为两种：一种是礼仪用，一种是日常用。礼仪用的汉服，自然要隆重、夸张些；日常穿的汉服方便、简洁、舒适。

从场合来说，大部分企事业单位都有自己的着装标准，如果上课的老师穿汉服会比较夸张，除非讲国学或者相关服饰文化的课程。如果周末逛街的话，尽量选择简洁、方便的服饰。从审美角度来说，丰满的姑娘可能不太适合汉服，因为有的款式腰身不明显，会显胖。

穿汉服需要搭配妆容。汉代流行"红妆"，除了擦粉，还要抹胭脂和口红。比如汉代流行樱桃小嘴，女子整个面部擦完粉，把原来的唇色遮住，再涂嘴唇。如果原来嘴唇厚的话，会重新画上薄唇。如果不是拍写真，不需要模仿汉代的妆容，妆面清爽干净即可。口红颜色不要太过抢眼，因为服装本身已经是亮点了。

最后说配饰，全身古风打扮的话，可以适当加些时尚的元素。例如我穿旗袍会选择相对小号的包，很少拿古风刺绣的包。有些姑娘穿汉服搭配运动鞋，这样根本驾驭不了身上的衣服。汉服不适合搭配特别现代的高跟鞋、运动鞋，应该搭配一些古风的鞋子。苏杭的老街有专门搭配古装的布鞋店，高跟、坡跟的鞋子都有。

汉服搭配的发型随着朝代不同，变化也挺多的。如今很多姑娘也会盘发，配上发饰。如果没有精致的配饰，选一条有手绣图案的真丝发带绑头发也行，实在没有合适的，就不佩戴，毕竟衣服本身已经很出彩了。

> **Tips** 汉服对配饰要求很高，若配饰不够精致的话，不如不戴。
> 日常搭配汉服的妆容清爽即可，切勿本末倒置，让妆容抢了服饰的风采。

4.3 旗袍：穿越尘光，摇曳现代之美

弈翎说："旗袍不宜加入太时尚、
太混搭的元素，那会失去旗袍本身
的意义。"

从旗服到旗袍，都是当时那个年代的日常服装，并不是登台表演用的，也不是非要特定场合才可以穿。虽然旗袍成了某个时期的代名词，但它也是我们生活的一部分。

在现代，我们怎么让旗袍更好地融入生活呢？驾驭任何一件衣服，特别是有文化底蕴的服装，务必去了解它的历史。

日常穿着的旗袍，要考虑实用性。二三十年代盛行"倒大袖"款式的旗袍，袖口是喇叭状的，对

平时要工作的我们来说就不太实用，可以改短袖子，改小袖口。早期的旗袍长度是到脚面，甚至到脚踝的，后来有了短一点的旗袍。旗袍常见的长度是130厘米，我162厘米的身高，穿起来到脚踝，短一点的是120厘米，我穿着在小腿处，也有些长度到膝盖左右的旗袍。

日常穿的旗袍要考虑是否方便，过长的旗袍太隆重，长度到膝盖左右或者小腿处就好。我首选120厘米的长度，日常或者隆重的场合穿这个都没问题。旗袍不要过短，穿得端庄稳重才是大家风范。

时下流行中式风，很多女性都会有一件旗袍或者中式风的衣服。年长些的女性，在颜色选择上，不要过于艳丽，越浓烈的颜色，驾驭起来越有难度。艳丽的旗袍，加上浓妆和假睫毛，等于失去了旗袍的精髓。始终记得，清爽淡雅永远不会过时。

既然是回归生活，旗袍面料的选择上，真丝等华贵材质的面料可以少选，多穿棉麻、丝麻等舒适的材质。当然也看场合，隆重的活动上，首选有质感的面料。

时尚界有"混搭"的概念，但**旗袍太时尚、混搭太多，就失去了旗袍本身的意义**。配饰尽量选天然材质，比如翡翠、宝石、珐琅、银饰类。如果旗袍本身绣花太多，配饰务必简单，不需要完整的三件套、五件套配饰。一些电视剧中，女主角穿着朴素的棉麻旗袍，戴着银镯子，反而显得雅致。

也有人用旗袍搭配西方大檐帽、礼帽。不是所有的中西结合都有美感，原汁原味的旗袍，搭配西装外套不违和，但搭配大檐帽并不好看。关于旗袍是否能搭配大檐帽或者网纱类礼帽，我也和一些专业造型师探讨过，很难找到适合搭配旗袍的帽子。20 世纪四五十年代上海的百乐门，歌女们穿着旗袍，头戴网纱类发饰，在台上载歌载舞。从审美来说，她们只能代表当时的某个群体，不能代表旗袍深层次的文化内涵。

让旗袍回归生活，变成我们日常的一部分，做一回身着旗袍的小女子，和心仪的人去过想过的日子。

Tips 旗袍搭配宜简不宜繁。
如果不是出席隆重场合，旗袍选择普通棉麻、丝麻材质就好，透气舒适，也比较素雅。

4.4 旗袍的由来

弈翎说："驾驭任何一种服饰，要
知其然，也要知其所以然。旗袍是
东方女性服饰的代表之一，了解旗
袍文化后，我们再去驾驭，会有由
内到外散发的自信。"

提到我们的代表性服装，很多人会想到旗袍。
主流观点认为旗袍是清代旗女之袍的延续。满族入
关之前生活在北方，以游牧生活为主，服装比较厚
实。清代旗女的服装，以长袍为主，圆领口、窄袖、
右侧开襟，但不开叉。到清朝中后期，旗女之袍的
圆领变成立领，有高低两式，下摆两侧开叉，开叉
的位置到膝上。绸缎袍面在门襟、领口、袖口等处
都镶嵌重叠绣花，比如曾流行"十八镶"的镶嵌形

式。以前身着旗服的满族男女喜欢在大襟和腰部挂配饰，男性会在腰间挂耳勺、眼镜盒、牙签、玉佩等，女性挂香囊、荷包等。

清朝初期，满族和汉族的服饰有很大区别，经融合演变，向着现代旗袍的式样变化。袖口变小，有了腰身，滚边不像之前那么宽大。20世纪20年代旗袍开始兴起，30年代到鼎盛时期。当时的明星、名媛都爱旗袍，已无太多阶级之分。不过，不同的人群要考虑穿着的场合，所以也要考虑旗袍的面料、做工和款式。

旗袍的领口和开衩的位置也有变化，20世纪30年代初期，旗袍长度慢慢变短，曾一度流行短旗袍，后来下摆开始慢慢变长。现在定制旗袍关于开衩的位置，我们要尽可能考虑日常生活中的实用性和美观度。

现代旗袍为了穿脱方便，有了背面是拉链的改良款。传统旗袍在师傅们的做法中叫"活襟"，比改良款难度高多了。为了保留旗袍的韵味，我定做的旗袍款式，无一例外都会让师傅选择"活襟"的做法。

某些仿古街上售卖的旗袍，色泽过于艳丽、粗制滥造的工艺，实在是对旗袍的亵渎。

希望大家在了解旗袍的基本知识后，穿旗袍的时候都可以用心地对待它们，它们包含制作师傅一针一线的用心。

> **Tips**
>
> "活襟"比改良的拉链款更有韵味，也更能凸显旗袍的质感。
>
> 不要在旗袍上挂过多配饰，会破坏旗袍本身的精致感。

4.5 老师傅手里的盘花扣

弈翎说："带着情怀缝制的衣物，
自然和流水线上的东西不一样。"

盘花扣是旗袍的灵魂之一，用在旗袍的领口、衣襟、开衩等位置。改良后的旗袍，多在后背使用拉链，领口和衣襟的盘花扣是打不开的，少了旗袍最初的味道。

盘花扣是用剪裁时剩下的面料来做的，常见有花扣和直角扣，直角扣多用于开襟处。想想电视剧里身着旗袍的女演员，一个一个解开直角扣的模样，是不是风情万种？当然旗袍不仅仅是风情万种，更多是端庄得体。花扣多用于领口处，一般成对使用，领口和右侧位置各一个。花扣因为有各种造型，师傅需先剪出布条，里面包铜丝，再用镊子给盘花扣整形。盘花扣的颜色也要根据旗袍的包边来考虑。

以前物资匮乏，人们穿手工制作的衣服、鞋子是常事，如果买一件新衣服会是值得开心好久的事情。现在买新衣服是常事，请老师傅做一件衣服或鞋子是难得的事。因为太多工艺失传了，年轻一代的人不太愿意学，精湛的技艺必须要有时间的积累。

有的旗袍工作室会展示年纪轻轻的主理人自己制作有复杂盘花扣旗袍的照片，事实上，这不太可能。制作盘花扣是需要功底的，给我做了近十年旗袍的师傅现在四十多岁，只会做传统或者稍微改良款的旗袍，年少学艺做旗袍的他，至今也不会复杂的盘花扣。我们每次都是商量好旗袍的包边款式和颜色，以及盘花扣的式样，再交给上了年纪的老师傅制作盘花扣。一对复杂点的扣子，即便是老师傅，也需要花上半天的时间。技艺，从来含糊不得。

盘花扣是旗袍的点睛之笔，让人一眼看到，过目难忘。网购的盘花扣和老师傅手工盘的盘花扣对比，完全是花架子，好看但不耐用，而且工艺不好，没有质感。旗袍的动人之处，在于师傅一针一线的手工包边。有的旗袍甚至有好几道边，用剩余布料和铜丝制作盘花扣，穿在身上，每一个位置都合身。

常见的盘花扣有四方扣、蝴蝶扣、琵琶扣、菊花扣、树叶扣、凤尾扣等，其他复杂款是大型铜丝手工扣。如果旗袍面料图案丰富，盘花扣就相对简单点，用直角扣或者不需要铜丝的盘化扣。如果旗袍面料花色素净，在盘花扣上可以多花心思。我有件宝蓝色的羊绒旗袍，包边是一大一小的两道边。盘花扣用了铜丝手工扣，是整件旗袍的亮点。还有一件灰色的纯色旗袍，包边用白边，显得旗袍亮一点，盘花扣为了统一颜色，做了白色的填充。有填充物的盘花扣，清洗有点麻烦，不管是送去干洗还是手洗，填充物容易脱落。建议首选不需要填充物的盘花扣，有经验的老师傅用布料和铜丝也可以把盘花扣做得精致。

Tips　　制作盘花扣一定要选有经验的老师傅，不
要相信吹得天花乱坠的广告。
盘花扣的花色一定要和旗袍的整体花色搭
配，否则会显突兀。

4.6 如何选择适合自己的旗袍

弈翎说："难得有一种服饰，可以把女性的柔美、高雅展现得淋漓尽致。真正穿上旗袍的那一刹，你会发出惊叹。"

《旗袍风月》一书中写道："每个女人都该有一件旗袍。"有位旗袍的传承人说，女性需要三件旗袍，一件正式场合穿，一家居家穿，一件工作时穿。对于她们来说，旗袍是日常的服饰。

亚洲人常见的肤色特点有白皙、自然、偏黄、偏黑四种。如果买粉底时，导购推荐的色号是该品牌最白的颜色，那就属于白皙这一类，以此类推。

肤色白皙、面色红润的人，大部分颜色都可以驾驭，当然也要考虑年纪，中年女性慎选特别浅淡的颜色，如粉色、淡黄、淡蓝等。旗袍颜色种类繁多，尽可能选择颜色好驾驭的旗袍。比如我的肤色是冷色调，根据多年穿旗袍的经验，淡蓝色、淡紫色，哪怕淡黄色都比粉色更好驾驭。

为什么肤色偏黑的人驾驭一些饱和度高的颜色特别好看？有一个原因是颜色对比强烈，显得格外精神。肤色偏黑的人，可以考虑红色、白色等。黑色的旗袍，会使人显得更黑。也可以考虑一个折中的办法，选深色底子，花色鲜艳的旗袍。

肤色偏黄的人，一定要多尝试，看看到底穿什么颜色肤色更透亮。避免米色、土黄、咖啡色等，容易显得无精打采。

纯色的旗袍面料不太多，大多数面料是有花色的，要避免俗气的花色，要考虑图案的大小能不能驾驭。比如有人可以驾驭大花大朵的风格，有的人则是小家碧玉的气质，所以选择的花色肯定不一样。

穿旗袍和身材没有关系，每种身材都可以选到适合的旗袍。

体型偏胖的人，要考虑面料的厚实感。哪怕真丝也有姆米数之分，姆米数越高就越厚。旗袍裁剪不要太贴身，大家可能有个误区，认为贴身才有曲线，其实不一定。体型偏胖的人，如果是贴身裁剪的做法，更显胖。在合身的基础上，放宽一厘米，身体可以活动自如，或者选择 A 字型旗袍也不错。穿旗袍不能拘束，人舒展了，才会大方得体。

矮胖的人，要考虑如何拉长脖颈曲线，这样相对显瘦。可以试试改良后的 V 型领旗袍，避免小圆领，避免过大过小的图案，避免横条纹的图案。可以考虑竖条纹的图案，视觉上可以把人拉长。

肩部过宽的人，旗袍领子可以做成尖领、大圆领等，去平衡视觉。避免一字领、横条纹，头发长度尽量不要到肩部，要不再长一点，要不再短一点。过宽的部位不要用热闹的图案来突出，重点放在其他部位，比如富有设计感的领口，或者腰部。

最后一种常见的情况是，腹部凸起，穿旗袍影响美感。那就不要选择修身款，考虑 A 字型旗袍，下摆散开的款式，或者将视线转移到上方，冬天用披肩，春夏加上开衫。面料不要太柔软，选硬挺一点的。

在选择旗袍的时候，除了了解清楚自己，我们也要知道一件合身旗袍必备的元素。旗袍的美体现在领、门襟、肩、袖、胸、开叉、盘扣、包边、绣花等细节。

旗袍的领型有近十种，市面上旗袍大多是正常领型或者矮领。买来的旗袍不合身，很大一部分原因是领口太大。合适的旗袍领口尺寸和男士衬衫类似，扣上扣子后一个手指头伸进去可以自如滑动，这样的大小穿起来可能会紧一点，不过看起来精神。一些电视剧为了更凸显女主角的气质，会选择高领旗袍。在现实中，只要脖子不太短，都尽量选领子在 6 ~ 7 厘米高的款。

古代衣服大多交领右衽，右侧开襟。受这些文化的影响，旗袍开襟常见的有圆襟、直襟、如意襟、对襟、双襟、琵琶襟等，以圆襟旗袍居多。如果你有了很多件旗袍后，可以试试对襟、双襟的旗袍。对襟旗袍相对少见，中式风对襟大衣倒不少。对襟起源于满服的马褂，中间开襟，一排盘扣。双襟是左右两侧都做了开襟，两边对称。传统双襟旗袍左侧是缝合的，右侧用盘花扣，领口做双道盘花扣。我在上海看过宋氏三姐妹的旗袍展，宋庆龄女士晚年常穿的就有双襟旗袍。

常见的旗袍有长袖、中袖、短袖、齐肩袖、喇叭袖等。冬天我一般选九分袖或者长袖旗袍。中袖旗袍要注意袖子长度，刚好卡在胳膊肘的地方会造成行动不便，也不显手臂修长，七分袖最合适。

周璇有张黑白照，倚在柱子边，露出白嫩的手臂，那身旗袍是齐肩袖。据说周璇很爱穿齐肩袖的旗袍，她穿的旗袍一度被称作"璇款"。某电影里的女主角至少换了 22 套旗袍，最知名的是一件齐肩袖旗袍，绿底上随意点缀着深蓝色的玉兰花枝，点上红唇，风情万种。这件旗袍实在太著名了，许多工作室都有同款。需要提醒的是，被明星驾驭得特别好的款式，普通人通常难以穿出自己的风格。

齐肩袖的旗袍对师傅的手艺要求极高，每个人从肩部到腋下的曲线千差万别，要做得合身，穿的人才会自如，常年给我做旗袍的师傅每次做这类旗袍都要微调好多次。如果手臂粗的人，就不建议选择齐肩袖了。

短袖和月牙袖的旗袍在夏天相对实用一点。至于旗袍是连肩袖还是上袖，看个人喜好。早些年，旗袍从肩部到袖子是连着的，没有单独分开。现在有了单独上袖的旗袍，更加合身，没有那么多褶皱。旗袍的工艺慢慢进化到今天，单独上袖的做法肯定比传统连肩袖的做法更复杂。当然，复杂也是为了更好看。

　　真正要展现旗袍的韵味，也需要考虑合身程度。定制旗袍要测量近二十处的尺寸，修身款旗袍胸围、腰围、臀围都不要太宽松，丝织面料也不能太紧，确保穿上可以活动自如。遇到懂你心意的师傅，都会找到合适的旗袍。测量时尽量让师傅亲自测量，有经验的老师傅看到客户本人，对旗袍会有更好的把控。

　　一位设计师提倡旗袍就应该原汁原味，坚持设计传统的连肩袖旗袍。在时尚瞬息万变的今天，我很佩服这样的坚持，坚持做喜欢的事。

Tips　合身不等于修身，最好放宽一厘米，保证活动自如。
想穿合适的旗袍就不要怕麻烦，测量、沟通都是手工定制的必要流程。

4.7 面料和店家的选择决定旗袍定制的成败

弈翎说："旗袍不需要被定义，也不需要标签，它不仅仅是表演用的服装。衣物是生活的一部分，每个人都有自己的风格，想穿什么就穿什么，想什么时候穿就什么时候穿。"

提到旗袍，许多人都会想到电影《花样年华》里的张曼玉。电影的呈现要考虑美感，张曼玉穿的旗袍其实并不日常。上海宋氏三姐妹旗袍展上的旗袍，各类款式和花色都有，相对来说还算日常。

常见做旗袍的面料有真丝、棉麻、香云纱等，这些天然的面料穿起来舒适，是大家的首选。商场里时下流行的中式风，除了传统面料，也会选择一些新型面料。我有一件水墨花的旗袍，用的是意大利进口的时装面料，最初我是看重花型和面料有筋骨，上身后发现，过于有筋骨的面料不亲肤，穿起来有被勒住的感觉。

一般香云纱厚度是 19 姆米，做旗袍很合适。前段时间我选了一款重磅的香云纱，厚度近 30 姆米。真丝类面料越厚肯定越贵，但不是贵就合适。重磅香云纱面料少了旗袍的灵动感，因为太过挺括，上身不够柔和。所以说太有筋骨的面料都不适合做旗袍，这类面料更适合做连衣裙、外套。

我有一件紫色旗袍，选的是重磅真丝缎面。这件旗袍只被"宠幸"过两次，一次是拍照，再有一次是去浙大讲课。真丝有很多种，弹力缎相对不容易皱，而重磅真丝缎面很容易皱，一坐一个褶子。

一些商家会把纯棉面料包装成贡缎锦缎，可以直接问他们成分是什么。棉质旗袍面料给我们的感觉如同邻家姑娘般亲切，但太过柔和的棉麻旗袍压不了场，穿着要看场合选择。

想要买到合身的旗袍，定制是不错的方法。定制一定要尺寸准确，和师傅磨合也需要时间，甚至要做好多次修改的准备。

如何选择定制店呢？先看老板懂不懂旗袍，包边、盘花扣、面料等基础问题都不懂，就不要选择了。再看是不是包装过度，包装过度最典型的是以私人定制的名义，在朋友圈展示"岁月静好""衣食无忧"的模样，不过是为了给旗袍多一些附加值。这类店铺或者工作室的负责人多数是"重营销轻手艺"。因为负责人把时间和精力花在包装上，心思花在哪里，收获才在哪里。能够做旗袍的师傅，起码得有十年的手工定制经验。这类师傅一般只做同类型款式，比如做旗袍的师傅可能不擅长做套装。我曾在一家定制店做一件披风和半裙，店里的师傅很为难，说不擅长，怕做不好。一位师傅如果什么都会做，很难谈得上是真正的精通。

一件精工细作的旗袍，国内定制店的标价4000～10000元。10000元一件的旗袍，那必须得用顶级的面料，配上手绣的图案了。

Tips　旗袍面料不是越贵重越好，一看场合，二看适合。

越日常的旗袍，越耐看、耐穿。

4.8 张爱玲笔下的旗袍

弈翎说："旗袍是一种优雅端庄的
服饰。"

我看过张爱玲所有的作品，那么多写上海的作家里，她始终是我最喜欢的，没有之一。张爱玲偏爱宝蓝色，在小说《色戒》中对王佳芝的旗袍是这样描写的："电蓝水渍纹缎齐膝旗袍，小圆角衣领只半寸高，像洋服一样。"

电视剧《情深缘起》是根据张爱玲小说《半身缘》改编的，整部剧的造型总监是张叔平老师，电影《花样年华》的造型总监也是他。据说女主角曼璐的旗袍是满世界寻找面料，根据她的身材，量身定制的，所以整个呈现才十分地完美。

影视剧中的旗袍为了美感，大部分是极其修身的款式。我仔细研究了《情深缘起》的场景，曼璐在镜头里站着的时候居多。偶尔几个镜头，我看她坐着吃饭，因为旗袍过于修身，致使小腹突出。日常着装，我们一定要考虑，穿上旗袍之后，站坐行走蹲是否方便。

曼璐在百乐门工作时期的每件旗袍都是精工细作，设计大胆，但不留俗，用了更多女性化的元素，如蕾丝、斜肩、亮片等，考虑到舞台效果也有不少改良款。普通女性穿旗袍，不要穿得风尘，不要穿得艳俗。艳俗不是说面料花色艳，关键是个人驾驭能力。

许多人被影视剧中夜上海舞女们的旗袍吸引，认为旗袍应该是那个样子的。我和一些旗袍品牌创始人就这个问题探讨过，他们认为，在中西文化碰撞时期，会有一些传统和时尚兼容的美，不过有些影视剧中和现代人的旗袍搭配走偏了。

离开百乐门后，曼璐的旗袍少了份华丽，多了些日常。她的整个旗袍造型是正常领，领口服帖，甚至有些紧。所用工艺是旗袍最早的做法，即解开旗袍是一整块面料；连肩袖，肩部和袖子都修身，肩袖连接处的褶皱也不影响人物造型。

主人公曼璐的旗袍风格鲜明，主要因为这些旗袍包边的镶嵌具有特点，用不同亮色的蕾丝边代替了传统旗袍的包边。扣子除了直角扣，也极少用盘花扣，领口处用多个小扣子造型做出来的盘花扣，类似做法如葫芦扣。如果自己的旗袍要用蕾丝做包边，必须严格把关质量，网上的一些旗袍蕾丝缺乏质感。

有朋友问过我，旗袍应该搭配什么鞋子。穿着打扮这个事，每个人都有自己的审美。旗袍搭配最保险的是露出脚面的黑色单鞋，浅色旗袍再准备一双裸色单鞋，无需搭配太现代的漆皮或光面牛皮，选羊皮材质就行。还有一种是有鞋绊的鞋子，曼璐大部分旗袍都是配这样的鞋子，或者中式风格的绣花鞋也行，也有绣花的高跟鞋，鞋子上的绣花尽量不要太过夸张，简单干净才好搭配。

Tips 旗袍非要搭配丝袜的话，请选薄款肉色丝袜，"光腿神器"会破坏旗袍的美感。
试穿旗袍时要尝试坐、蹲等姿势，确保不会勒出小肚子。

第 5 章

内修之美

5.1 审美的提升需要开阔眼界

弈翎说："和差不多的人较劲，不
会有多大进步，要看到这个领域顶
尖的人在做什么，结合自己实际情
况，再去做分析。"

我经常在微信群里跟几位朋友聊时尚，帮她们
挑选衣服。很长一段时间后，她们的审美依旧没提
升。可能她们工作繁忙，没时间研究服饰。

她们常让我挑同一个品牌的服饰，老实讲，同
品牌服饰的设计和风格不会有过多变化。如果一直
关注同一品牌或者同类品牌，审美也很难提升。而
且她们关注的品牌，不太适合她们现在管理层的岗
位。服装行业的老师告诉我，这是因为国内品牌的

断层，适合这类群体又有质感的品牌不多。

我曾在服装公司负责培训的工作，那时公司所有高层的意见都是让我们整个部门在做培训规划的时候，多关注竞品。竞品要关注，但只看竞品，和差不多的同类比较，自己也不会有多大提升。通常，我会在后续培训规划中，给店长、代理商们加上奢侈品鉴赏的课程。和差不多的人较劲，不会有多大进步，要看到这个领域顶尖的人在做什么，结合自己实际情况，再去做分析。

有一个词语叫"城市气质"，待在不同城市的人，给我们的感觉也不一样，会有时尚和保守的区别。不同地方的生活，赋予我们的气质是不一样的。多去不同的城市走走，不要走马观花，待上十天半个月，才可以领略这个城市的文化精髓。久而久之，走过的路，思考过的事，慢慢就形成了独特的审美品位。就像上海，大街上随处可见精致的姑娘们，这样独有的精致，多多少少也和上海的城市气质有关。

曾有男性朋友谈到 20 年前做服装生意的时候说，那时一个大男人，哪懂什么好不好看，更谈不上审美品位。后来怎么办呢？20 年前机票不便宜，坐飞机的人，大多是有钱人。他想，要不就去机场看那些坐飞机的人穿什么。看了几个月后，他亲自把关设计团队，后来他们公司的产品是当时同类品里对客户最有吸引力的。换到现在，机票也平价了许多，这个方法不一定适用，但起码他会去寻找学习的方法。现在网络发达，时尚博主的展示或者相关文章都不少，可以从中寻找适合自己的风格，从模仿开始，再去思考和分析。

此外，十年前和十年后的自己，能够驾驭的颜色和款式也会不一样。比如说粉色，十几岁穿粉色好看，二十几岁穿粉色不违和，到了四十岁再大面积穿粉色，就很难穿出高级感了。粉色可以有，但也要考虑年龄和搭配。

工作上披荆斩棘、勇往直前，也别忘记了生活。有了审美的品位，才谈得上生活。就像作家三毛，在撒哈拉沙漠这样环境恶劣的地方，一样有闲情逸致去布置家居，去过日子，这才是生活。

Tips 审美需要提升，切勿长期只关注同一或同类品牌。

若不懂得搭配，可以寻找和自己身材、气质贴近的美妆博主，从模仿开始。

5.2 看展不是只欣赏艺术

弈翎说："不同的展览带会给予我们不同的养分，一个人要养成每到一个城市或者国家就去看看博物馆的习惯，若干年后，我们的审美肯定会有所提升。因为很多东西，只有见过、经历过，才可能会有新的认知。"

这几年，我逛过许多博物馆、美术馆，不一定都看得懂，只是看多了，慢慢多了些不同的感受。审美和眼光的提升是综合因素的结果。艺术已经是一个现代生活的认知系统，我们不该缺席。

每次在国外的博物馆看到中国展馆的物品时，我的心底都会生出由衷的自豪。老祖宗留下的物件，承载着我们的历史和文化，有着我们民族独有的厚重感。

看展时，衣着干净整洁就好。部分展览要求：衣冠不整者不得入内。同时也要记得，在博物馆里要将手机和相机调成静音模式，关闭闪光灯，不要大声喧哗，不触碰展品（允许触碰的除外）。如果想去博物馆，建议买通票。

我去过两次伦敦 V&A 博物馆——维多利亚和阿尔伯特博物馆。第一次去是下午，伦敦四五点天就黑了，看了一小时不得不回住所，只得后来再去了一次。这个博物馆很大，展馆很多，比如时尚展览馆，去年曾有过迪奥的展览。V&A 博物馆和中国丝绸博物馆联合办了一场巴黎世家的展览，在展览上我第一次看到白胚布制作的样衣礼服，高级定制礼服的手艺巧夺天工，让我感到惊叹不已。

即便不是艺术专业，我们也能在展览上收获颇多。

首先，可以学习语言。国内大大小小的博物馆和展览都会有中文，对我们来说很简单，可以看图片和文字，还可以听讲解来了解展品。在国外，对当地的语言要稍微有些了解。在法国留学的朋友曾建议我多学一门语言，以我当时的工作强度来说，多学任何一门语言都挺难的。大部分国家都可以用英文沟通，如果要学语言，就选择英语。要多开口说，对语法和发音不要要求那么高，掌握吃喝玩乐的常用词汇，语句可以熟练运用就够了。

展览都会有相关的资讯介绍，可以提前查阅。比如我们不是太了解某位画家，可以去搜索相关资料和作品，在了解的基础上去欣赏，才会收获更多。不要强迫自己去看不喜欢的展览，看展本来就是一件开心的事情。比如我对一些军事博物馆没兴趣，所以看展的时候一般会忽略掉这类展览。

其次，还可以了解潮流的历史。在 V&A 博物馆的服装潮流风尚馆，可以看到整个英国服饰的变迁。

我看到不同时期的服饰，就像发现了宝物，暗自窃喜，又长知识了。在中国馆，看到清朝的旗服时，我赶忙拍照，准备作为旗袍文化沙龙的授课素材。

看展尽量慢一点，关于艺术，我们不同时间段的感知是不一样的，多花点时间看，才有自己的思考和见解。如果展览允许拍照，尽量拍下自己感兴趣的作品，之后可以向专业的朋友请教。大部分展览是允许不开闪光灯拍照的，能不能录制视频要看展馆的规定，有些展馆允许，有些不允许。

最后，还能认识新朋友。可以去展馆内的咖啡馆坐坐，在那里可以认识其他来看展的人。我曾在展馆内的咖啡馆遇到过一位国内时尚大刊的前编辑，对方在曼城读研究生，我们相谈甚欢，让我受益颇多。除了可能会遇见投缘的人，我们也可以去看看他们的打扮。我曾看到冬天穿着正红色外套、小黑裙搭配丝袜的老奶奶在喝咖啡，看到戴着礼帽、挂着拐杖的老爷爷推门而入。热爱艺术的人，都有不俗的审美，在他们的穿衣打扮上，我们还能偷师一把。我有一位女性朋友在巴黎看钟表展时，认识了一位制表师，这场展会也成就了一段缘分。

Tips
每日环球展览 App——iMuseum 很好用，适合去英国看展的朋友。
看完展览后，别忘记针对某个感兴趣的点查阅资料，毕竟实践是最好的老师。

5.3 富有艺术感的配色方式

弈翎说："配色应该有一个环节，
就是照镜子。看看镜子里的自己，
是否协调自然。"

偶尔在机场看到衣着艳丽的人，她肯定是下过心思搭配的，只是审美品位上，我有些无法苟同。养生专家韦娜老师告诉我："现在老年人的衣服基本都是大红大绿，不要嫌弃她们的审美，或许我们到了那个年纪也是一样。"想想，可能是吧，年轻的时候怕在职场不够专业，拼命往成熟方向打扮。年老时，想抓住青春的尾巴，也想驾驭一些艳丽或者清浅的颜色。我自己也有粉色套装，又何尝不是一样的心态？

色彩要看起来协调。关于服饰配色，常见的有同类色搭配、近似色搭配、对比色搭配。至于色相配色和夜配色，有些过于专业，我们在这里不做深入探讨。

同类色搭配，指同一色相明度不同的搭配。比如在紫色这个大范围里面，上半身浅紫色，下半身深紫色。我有一件雾霾蓝狐狸毛领的大衣，有一次照相穿这件大衣并搭配了一顶浅蓝色贝雷帽，照片拍完显很突兀。后来朋友点出问题所在，两者颜色差距太大，不协调。雾霾蓝相对偏冷，帽子的颜色太暖了。再后来穿那件雾霾蓝大衣，我换成了黑色或者深蓝色的贝雷帽，搭配就协调多了。

近似配色，讲究色调的统一性。比如黄色和咖啡色，两者在色相环的位置挨得比较近，搭配起来就很协调。绿色和黄色搭配，蓝色和紫色搭配，都是类似原理。近似色的搭配，显得人更加亲和，这也是我用得比较多的配色法则。有一年三月，我接受电视台采访，穿了一件淡蓝色中式风 A 型旗袍，搭配宝蓝色手袋。在全身颜色不是太深的情况下，我选择了裸色单鞋。这样的搭配让我获得了诸多好评。

对比配色，顾名思义，是指色相环位置相对的颜色。比如黄色和蓝色，比如橘色和紫色，比如红色和绿色等，给人视觉冲击比较大，让人印象深刻。强对比的颜色，对个人气场要求比较高。在严肃的职场，过于强对比的色彩搭配，不那么合适。我们可以把对比色的范围缩小一点，比如我有一件蓝紫色缎面旗袍，搭配黄色手包，整体穿搭的效果就不错。

在整体搭配上，要考虑风格统一。可以选择低调的近似色或者同类色搭配，如果全身颜色素净，可以搭配亮色包，或者包和鞋颜色统一，或者丝巾的花色有衣服的颜色。**搭配好之后，我们还应该有一个环节——照镜子，看看镜子里的自己，是否协**

调自然。如果觉得别扭，请相信自己直觉，换其他搭配。有一次，我穿了一件灰色旗袍，想着灰色太素净，随手拿了大红色包。照镜子后觉得太突兀，因为包的颜色太亮了，于是换成黑色的包，就协调了。

Tips　职场不适合过于花里胡哨的配色，以低调为主。
相信直觉，如果照镜子对自己的配色感到奇怪，请更改配色。

5.4 姑娘，你低调且认真的样子最美

弈翎说："有灵魂的美是因为有追求，而不是一味享乐。有灵魂的美是多样的，不是晒奢侈品，去高级的地方。对年轻女孩了来说，就是踏实做事，认真生活，不要过起山自己能力范围的日子。"

去一个地方旅行前，我会在网上查阅相关信息，经常能看到动不动就晒奢侈品的姑娘们。有一位刚毕业的姑娘，满世界飞，朋友圈展示的都是最繁华的购物商圈，五星级酒店的下午茶，和全世界的网红店。照片上的样子，美是美，可始终少了点什么，美得肤浅，没有灵魂。

我有一位关系很好的读者，她在伦敦读书。她不曾展示过家境，十分低调。语音通话里经常听到

她周边的环境有动物的声音，我问她是不是住在别墅区，她不好意思地说，自己住在郊区。她的朋友圈里展示的都是普通生活，毫无优越感，谈到家里的保姆，她的用词是照顾她的人。后来，我才知晓，这位姑娘的家族实力雄厚，身价非凡。但她依旧努力学习，计划在国内要怎样投资，回国就忙着谈合作的事。我曾见过一位刚生完孩子的女性，天天在网上晒老公给她请了两个育儿嫂，自己怎么指挥"阿姨"干活等。其实真正有底子的人，不会刻意晒这些。

网上有人提问，25 岁的年纪该选择 25 岁开代步车的男友，还是选择 35 岁开路虎的大叔。我建议那个姑娘自己赚钱买路虎，通过自己努力得到想要的东西，才能赢得真正的尊重，才有更多谈判的砝码。说个通俗点的比喻，自己有买得起香奈儿的能力，才有敢收爱马仕的底气。

> **Tips**　不超前消费，不为虚荣买单。
> 低调努力地生活，会让人更有魅力。

5.6 如何选择适合自己阅读的书

弈翎说:"自我提升和别人没有关系,无需炫耀我们读了哪些书。坚持阅读的过程,也是成长。读过的书,走过的路,都融在我们的气质里。"

审美、品位的提升都是日积月累的过程,读书是很好的途径。但并不是每本书都要看,面对琳琅满目的图书世界,我们该如何选择呢?

我有两位真正热爱阅读的朋友,一位常在视频号分享书籍的朋友建议:"先看经典书籍,遇到适合自己口味的书,再去读类似的,慢慢读。不要把读书当作任务和负担,而是享受阅读。"

还有一位朋友是一家企业的董事长,他每晚坚持看书两小时，是位非常出名的儒商。他一般会通过三种途径来构建新的知识体系：首先，针对即将进入的陌生知识领域，他从阅读"正统"文献开始。所谓正统，是在这个领域或者行业里被主流认可的观点，可以给我们提供知识的基准线。其次，阅读权威的专业著作，这类著作可以概括该领域近几十年的成就。最后，读鲜明而有新意的历史、文学类作品，丰富自己的知识结构。

一位美院教授告诉我，现在书太多了，建议找一位专业的老师帮忙选书，他们在了解你所有情况后，会针对性给建议。这里说的专业老师，是对某个领域真正有研究的人。

在清楚哪些书能选，哪些书不能选后，再给自己定个阅读目标，慢慢看、愉悦地看。比如每天晚上阅读一小时，保证这段时间不被打扰，适当地写一点读书笔记。比如我有个笔记本，阅读时会摘抄喜欢的句子和观点，经常拿出来看看。

Tips 市面上有些书不断向我们贩卖焦虑。阅读本身是一件轻松自在且受益的事，不需过度着急。

不迷信畅销书，多关注作者的阅历，以及他为写这本书做了哪些努力。

第 6 章

职场之美

6.1 那些见过世面的姑娘都长什么样

> 弈翎说："美不是单一的，极致的
> 美一定超出标准之外，承载着我们
> 的文化、内涵和见识。"

女性的美有很多种，没有统一的标准，所有美的呈现都是内外综合的结果。

我去大英博物馆，约了专门讲解的老师，同行的还有一位在曼城读书的中国交换生朋友。那位姑娘微胖，不是标准意义上的美女，穿着改良后的汉服，她开始讲话有些不自信。我们边逛边聊，从故宫博物院聊到瓷器、珐琅彩、汉服文化，她讲得头头是道。眉飞色舞中，我看到一个姑娘有知识有文化的美。受过高等教育，用心钻研过爱好的美，和单纯只拥有容貌的美不一样。有着知识底蕴的人，才更动人。

见过世面的姑娘和没有见过的，肯定不一样，不管是思考问题，还是自我成长的规划。

有段时间，我住在格拉斯哥大学的学生公寓。房间原来的主人小 A 22 岁，在这里读研究生。最初小 A 读的是师范专科，通过努力拿到自考本科学位，再后来考到格拉斯哥大学读研究生。她说研究生毕业后，准备去伦敦的私立学校教书，工作两年后，去西班牙读其他专业的研究生，二十五六岁再回国。

去公寓之前，她给我准备好了早餐。小 A 说，英国的消费水平不低，大部分留学生不太去外面吃饭。她课余还去给小学生做家教，用赚的钱给家人买了上万块钱的礼物。她没有任何奢侈品，平时勤俭节约。

见世面可以去世界各地看看，不是拿着父母的钱装门面。有一次，我在酒店喝下午茶，旁边坐了两位留学生，一直在摆拍。从穿戴打扮来看，应该是富裕之家。但是作为学生，更该好好学习，而不是买奢侈品，打卡各地高大上的场所。可以自己赚钱，有能力了再去，不要虚荣，不要攀比。

还有一位在媒体工作的姐姐，气质极佳。我们见的次数不多，第一次是在某位老师的雅集上，第二次是我有写作的问题单独请教她。有一次，我有个事情先问了一位记者朋友，对方态度有些敷衍。于是我向这位姐姐请教，她听了我的诉求，思考过后告诉我，她可以帮忙安排哪些主流媒体，准备怎么策划，还让我在活动开始前半个月找她，一起把策划细节敲定。其实这位姐姐作为主流媒体一个版面的负责人，对我这点小事，完全可以敷衍不理，但她依旧热忱相助。所以，美，不仅仅是你看到的。

Tips 文化底蕴和自我提升，比奢侈品的堆砌更能塑造一个人的美。
善良、热忱，是一种非常难得的美。

6.2 女人的格局

弈翎说："正是因为人品和气度，才造就了她们在行业内德高望重的地位。"

我在做培训时，偶尔会提及，如果顶头上司是女性的话，自己还是要多注意配饰。职场默认的规则是，整个行头高级感上不要超过领导；做业务的朋友也要考虑，不要超过客户；装扮可以比自己身份高半级，但不能太过了。

女性在职场要走得更远，一定要抛开性别优越感，不要觉得我们是女人，就不该承受业绩压力，不该和男人一样去打拼。在机会面前，男女平等，靠实力说话。

有些培训师会觉得自己挺厉害，也不太和同领域的人交流，这并不是聪明的做法。分享下我很敬重的一位同行女老师的故事吧。这位老师 50 岁左右，看起来却不到 40 岁。每次见她，她都是端庄稳重的打扮，不刻意扮年轻，妆容也素雅淡然。有一次我要去指导一个大型活动的颁奖典礼。她提醒我，在人数众多的颁奖典礼现场，要考虑获奖者的感受，比如第二排的获奖者，站在后面会不会有情绪，是不是需要设计个环节，让大家都露脸。这些问题是资历尚浅的我没有考虑到的，让我受益匪浅。她对专业的执着也令我佩服。探讨座次话题时，隔着手机屏幕，她画了好几张图与我交流，而那个时候已经凌晨一点了。

格局高的女性，不会见不得人家好，而是希望大家都好。

除了授课外，我也会写公众号和录制音频，五年下来也收获了上千万的播放量和一些读者、听众朋友的认可。看到我这几年的成长，她谦虚地说：
"现在世界是你们年轻人的。"其实她早在几十年前
就出过书，这两年还在继续写其他作品。她曾是一
名播音员，并且是台里的台柱子，如今也是各大高
校MBA班的首选培训师。

　　还有一位培训师，我们也时常交流工作。过年
期间大家都在休假，她利用两个月的时间，每日更
新头条号，积累了大量粉丝。后来聊到运营，她毫
不保留地告诉我怎么操作，注意事项，甚至如何变
现等运营技巧。每次请教她，她都会事无巨细地分
享。我后来还听说，她的两位好友的课程细分领域
虽然和她不一样，但都是金融行业营销类课程，她
依旧积极鼓励她们开设头条号，毫不保留地分享视
频录制技巧。

　　以小见大，每个行业里优秀的女性都有大格局，
希望大家一起好，而不是只顾自己。

Tips　靠自己打拼，靠实力说话。

帮助身边的人一起变得优秀，你也会更优秀，成就他人就是成就自我。

6.3 做一个不肤浅的精英女性

弈翎说:"暂时的赢,算得了什么?
暂时输不是输,要看得长远点,上
天只是想让你蛰伏,下次赢得更
漂亮。"

我见过一些女性的美,是整容标准的美,是被
品牌 LOGO 堆砌起来的美,这是只知道关注外表的
肤浅。和肤浅相对的是有内涵、有灵魂。

首先,是外表简单干净,知道什么场合穿什么
衣服,这是基本要求。当然,能够拿捏得更好,也
是加分项。

其次,是仪态。不是天天练习站、坐、行、走、
蹲等仪态就称得上优雅。如果佩戴耳环,照镜子时

多看看耳坠，尽量保持它们在肩线中间，这样可以判断脖子有没有站直。可以试试"九点靠墙"法，每天饭后，靠墙站立 10 分钟，站到腰疼了、腿痛了，差不多就可以休息了。万事要坚持，一个月后真的可以看到自己的变化。

我见过那些气质超凡的女性，不单单是外在和仪态这两点，谈吐和为人也很出众。那样的气质，是经历了岁月的洗礼，经历了大大小小的风浪，才有了这份气定神闲。有的姑娘我们看着特别美，可是一开口就输了，输在声音，输在谈吐。

我有一个在国外留学的朋友，从小学芭蕾，气质和衣品都优秀，论五官，她不是传统意义上的美女，但在气质衬托下，看着相当舒服。但我看了她的视频之后有些失望，她的声音不知道是不是做过变声处理，语速快不说，音色也不够柔和，很难和本人那么好看的照片联系起来。

其实大部分人的音色都不差，只需要注意语速、语调和发音是否标准。如果对声音不满意，可以选择声音塑造的课程，或去请教专业老师进行针对性的训练。

谈吐、为人需要我们多摸索，内在只能靠自己慢慢积累。有几个原则需要注意：

第一，别人说话尽量不要打断。我们都有自己的观点要表达，受欢迎的人都是会倾听的人。也要有自己的观点，不要人云亦云，才是有内涵的表现。

第二，不要"踩"别人。我们都有自己引以为傲的地方，如果真有看不下去的事情，不要得理不饶人，不要咄咄逼人，要学会换一种恰当的方式去处理。专注自己，不要和无关的事计较。实在受了委屈，可以去行业外的圈子说，工作圈内不要说是非。

第三，谈吐很大一部分来源于个人的知识架构。如果一个人关注点太窄，会变成就喜欢活在自己的世界里。如果实在和人谈不了什么，万能办法是多请教。聪明的人会问到点子上，如果不知道问什么，请拿出一副真诚的态度，没人会拒绝有求知欲的人。多看看财经类资讯，多看看有深度的影视作品，多关注有思想的人，看完要思考。此外，还要阅读，文化是最好的滋养。

Tips　眼光放长远，不要计较暂时的得失。
　　　不断学习，充实自我，才能不断成长。

6.4 女性职场，正气是最好的底气

弈翎说："你有你的资源，我有我的能力，大家一起做事，共赢就好。"

我从事的需要天南地北出差的工作，让我见识了许多精英女性。在她们身上，我总能悟到许多。她们优雅、端庄、独立、自信，特别是浑身上下的那股正气，令人满心佩服。

女性在职场，如何走得更加正气呢？

首先，在任何和工作相关的场合，请注意形象，不要让人有其他遐想。这里的形象不单是穿衣打扮，还有自己的言行举止。

不是穿衣非得裹得严严实实，起码正式场合衣着不暴露。例如裙长的标准是，坐下时不要感觉尴尬或者不方便。我偶尔也关注女性朋友们关于健身内容的微信朋友圈，那种刻意凹造型，若隐若现展示身材的照片并不高级。女性健身教练也会展示身材，但她们的马甲线不会让人多想。

在职场上，我们要尽量多展示踏实工作的一面，不要发过多自拍。本来自身能力不错，如果展示的都是相对肤浅的事情，也很难让人关注你的真正实力。

其次，和异性打交道，务必清楚尺度。在和异性前辈打交道的时候，心底要明白，聊工作的事情就行，少涉及个人感情。聪明的女性，会和他们的太太同样私交甚好，聚会时和他们整个家庭一起玩，单独讨论工作的时候，他们太太也知道。这样也会避免不必要的误会。不要让人感觉你只和某位异性特别好，容易产生非议。你本身够正气，人家是不会多想的。

女性在职场，不需要靠脸吃饭，不需要什么潜规则。工作十年八年后，我们都不是青春少女，和异性打交道就是简单谈事。论美貌，论手段，自然有比你更美，手段更高明的人，所以踏踏实实做事，自身能力够的时候，资源都会蜂拥而至。

Tips 在职场不要展示无关的东西，着重塑造自己的专业形象。
修炼职场正气，掌握异性相处尺度。

6.6 如何与你想认识的人真正建立联结

弈翎说："职场上打交道，大家都
有着本能的谨慎，一定会先看看，
你这个人适不适合交朋友。"

作为普通人，我们怎么和想要认识的人建立联结呢？一位做业务的朋友为了认识制造业圈子的老板，会去他们经常散步的湖边制造偶遇。见得次数多了，自然有了相识的机会。

认识人不难，后续要有真正的联结，就不太容易。认识人尽量在靠谱的场合，比如高校的同学会、MBA 班级等，起码大家有一份同学的情谊，或者在积极向上的讲座现场，因为在正式场合认识的人，大家才会是正常工作的状态。不靠谱的饭局、酒吧、娱乐场所认识的人，后续很难有真正可以对接的资源。

有些人在同学会上很积极地展示自己的工作成绩，拿着酒杯满场飞，无非是想多认识一些人，多一点机会但是这种展示一定要适度。

首先，我们在一些场合上不需要显山露水，微信群里也不需要很积极地发言，忙的人都不太在微信群发言。要学会让人家看到你，就要去做正确、积极的展示。有个帅妹给人的感觉太活跃，太活跃的含义是不能一起共事，毕竟有一定位置的人，考虑的是处理事情是否稳重。积极地展示就是让人家看到你够稳重，知道什么该说，什么不该说。

其次，对于想结交的朋友，我们可以单独请教相关领域的问题。大部分人都愿意偶尔扮演导师的角色，这个"请教"是真的请教，不是没问题找问题。不需要玩伎俩，真诚是最好的方式。

我虽然提倡有需求直接表达，但也是建立在大家关系不错的基础上。对不太熟悉的人，来者不善的人，或太过圆滑的人，要有一份戒心。

人脉建立在对等的基础上。我们想认识比自己优秀的人没错。在认识之后，多想想我们可以为对方做什么，如何成人达己。

> **Tips** 靠自己努力去获取，更能赢得尊重。
> 不要太过精明，把欲望写脸上，别人看了会敬而远之。

6.6 客情关系中，让人印象深刻的礼品

弈翎说："送人礼品，需符合对方
的生活品质，要想让人印象深刻，
要么是他常常使用的，要么是一直
心心念没买到的，要么是专属定制
的产品。"

送礼物时，不妨在礼物上刻印对方的名字或者
字母，或者做个名字的小铭牌挂上，这些有仪式感
的做法都是加分项。

预算受限的话，就好好做走心的事情。对于什
么都不缺的人，多用心准备点手工礼物，比如夏天
可以驱蚊、手工刺绣的真丝香囊，自己烘焙的糕点，
自己烧制的陶瓷杯子，书法好的可以送写的字。对
于喜欢中式风的朋友，可以准备手工布鞋，比如货

真价实千层底那种布鞋，如果不知道客户尺码的话，要么通过相熟的朋友打听，要么直接买两三双。女性常穿尺寸 36、37、38 码，男性常穿尺寸是 41、42、43 码。真的买三双送给客户，客户肯定会感受到你的用心。当然有的行业送鞋不一定会被认可，这些细节也要去做实际了解。

分享一个关于小 C 的故事。某次小 C 去拜访男友的妈妈，带了一套韩国化妆品，价值不到一千块钱。因为她当时考虑大部分老年人都节约，不太讲究，她妈妈就用普通国货，或者打折的进口平价产品。后来男友的侄女去查了那套化妆品的价格并告诉了男友，在一次关系冲突中，男友对小 C 说起了这套化妆品的价值，小 C 心里很不舒服。查礼物价格没错，只是过于计较价格的人，最后自然是交流不了的。分享这个事情是想说明，有些人对于礼物的贵贱还是很在意的。

平时我会给一些朋友买礼物，除了用心挑选适合他们的东西，也会考虑他们平时的消费习惯，起码和对方的消费水平差不多，或者略高于对方的消费水平。

有位朋友准备送给合作伙伴一个礼物表示感谢，我建议每次送同一个人的礼物无论大件小件，价值要统一。要么在一个水平线上，要么越来越好。

除去工作的客情关系和男女相处中的礼物，平时好友之间的礼物不需要太在意价值，找是用了什么好的产品，也会送给闺蜜们，没有那么在意礼物本身的价值。

Tips 送礼物要考虑对方的个人需求，投其所好。
礼物本身就是一种心意，价值不是放在第一位的。

6.7 为对方考虑才是共赢的社交思路

弈翎说："一定是要为对方考虑，只有共赢，合作才会长久。任何涉及工作的事情，彼此有各自的需求，如果只是满足一方，肯定不长久。"

看一个人如何处事，基本上就能够明白对方适不适合这份工作，以后有没有发展前途。

在一个圈子怎样才能共赢，如履平地呢？"如履平地"这个词，是某位老师提点我时用到的。那时我准备去进行新的工作尝试，他告诉我："弈翎，我不建议你去新的地方。他们接触的资源很丰富，不缺情商高、会处事的人。不如换到某地，以你的能力，在当下的情况，肯定如履平地。"言外之意，我在某些地方优势不够明显，那不如退到优势明显的地方。

因为录制音频，我认识了一个情感平台的运营负责人。我想着老打扰他们，得帮人家做点事情。正好我认识对他们流量有帮助的平台和朋友，我很热心地做了引荐。他们老板的第一反应是问我："对方给了我们流量，那需要我们怎么配合，或者做什么？"这时我才意识到，**领导者的思维，一定是要为对方考虑，只有共赢，合作才会长久。任何涉及工作的事情，彼此有各自的需求，如果只是满足一方，肯定不长久。**

对方的真实需求，是合作上的利益分配，是被需要、被崇拜、被仰慕，还是其他精神上需求？对于什么都不缺的人，要的可能就不仅仅是物质了。

有一句大家都熟悉的话："上天给你的礼物，其实早就标好了价格。"你要的，定然要付出你必须付出的，这就是交换。不要羡慕那些光鲜亮丽的外表，多少人背后默默流泪，或者情绪濒临崩溃的时候，他们都不敢展现。有多少光鲜，背后就扛了多少压力。我有位女性朋友，四十岁出头，靠自己在一线城市全款买了几套房，她操持着整个家庭和公司，只有她眉心的川字纹才懂她到底付出了多少。

我也有被人认为现实或者实际的时候，曾就这个问题和一些朋友探讨过。有位好友对我说，那是对方能力不够，才觉得你现实。对女性来说，职场的现实，是保护好自己的一种武器，尽量避免一切不该出现的问题。当然我理解的"现实""实际"从来不是贬义词。"现实"是让你保护好自己。

如果你不负责对接我们的业务，我就觉得你没有价值，如果这样做，那才是真的现实。曾经有一次，合作方与我对接的人换了。有位我非常欣赏的姑娘，也换到其他岗位去了。我知道她文笔好，工作之余也想写点稿子，赚点零花钱，我都会帮忙留意。我也真诚地邀请她来杭州，所有吃喝玩乐我来负责。

与人打交道，周到是最基本的要求，还要看得长远点，多感恩。没有别人当初的大力扶持，我们后来好些事情都不可能那么顺畅。大道理我们都懂，只是自己真正面对具体问题的时候，考虑周全的有多少？

我的老领导曾给我讲过一句话："人和人之间的关系，是相互麻烦出来的。"有人问我，拜访客户的时候，到了中午吃饭时间，要不要和客户在食堂吃饭。我认为可以，企事业单位在食堂吃饭也符合规定。人与人之间要相互交流，才有更多的合作机会。这次对方请你吃饭，下次你也有机会请对方吃饭了。

情商不是天生的，为人处事多思考、多总结。别人说再多，都不及自己亲身经历过一些事情有用。

有位老师建议我在欧洲进修的期间，就把视频和直播做起来，甚至操作手法和策划点都给我想好了。但我还是慢了半拍，主要是不太擅长的领域，怕做不好，也不太愿意尝试。后来我才明白他的真正用意，他让我去尝试一些事情，不一定是要我呈现多漂亮的数据，关键在后续可能合作的点上，我能证明自己拥有相应的能力。

做事不拖沓，才不至于错过机会。多为对方考虑，方是共赢的社交。

Tips 摸清对方的真实诉求，寻求双方共赢的点，而不是盲目地给予。
主动一些，更有助于破冰人际关系。

第 7 章

异域之美

7.1 为什么一定要独自旅行

弈翎说："旅行能让自己安静下来，要用心去感受。上车睡觉、下车拍照的走马观花式旅游，除了累，没有更多意义。"

去国外旅行，我都是独自一人。从第一次去米兰时的紧张到周游列国的淡定，是经过这几年独自安排行程和处理突发状况的历练之后，才有的沉淀。

如果去免签或者落地签的国家，带上护照和符和当地政策要求的证件照直接走。准备一支笔，飞机上或者出关的地方要填写资料。我一般在携程预订机票和酒店，长时间待在国外可以在爱彼迎上预订民宿。不是所有的民宿，房东都会把洗漱用品准备齐全，洗漱用品和毛巾尽量自带。在民宿想要有家的感觉，建议自带睡袍、真丝枕巾和常用香薰。

住的地方尽量距离市中心近一点，一是方便，再是安全。比如巴黎有好几个区，有的区不安全。独自去某些景点的时候，避开治安不太好的地方。一些欧洲城市不大，预算有限时也可以选择住在周边，坐地铁半小时左右都可以到市区。

出行前买好全球旅行保险，把保单号发给信任的人，航空公司的保险就不需要再购买了。我曾在尼斯遇到飞机取消，回国后保险公司很快就赔偿了。出国务必看好护照，可以给护照买个鲜艳的护照夹，这样放在哪里都显眼，不容易丢。临行前把护照和签证页拍照发给好友，自己邮箱里也存一份。

长途旅行要备好常用药品。欧洲的朋友告诉我说，那里的医疗太贵，打一次医院的急救电话可能就会破产。只身在外，万一有个头疼脑热，不熟悉药店或者医院，备一些常规药品很有必要，如肠胃药、感冒药、消炎药、降火药。如果吃不惯当地食物，容易口腔溃疡，我一般会准备维生素 B2、维生素 C。

大部分航空公司的免费行李额度是 23 公斤。去程行李带一点快用完的护肤品或者分装小样，这样回程不占空间。此外，欧洲的冬天比较寒冷，围巾和帽子是必需品。

一周以内的出行，可以选择租用移动 Wi-Fi。十天以上的旅行，提前买好当地流量卡。准备一个备用手机，以防电话卡在某个手机上识别不出的情况。国内几大运营商也有国外手机流量的服务，只是网速还是没有租用的 Wi-Fi 或者当地电话卡的速度快。

短途旅行我一般在网上租用 Wi-Fi，要记得自己旅行的国家，是欧洲 7 国，还是欧洲 49 国，不然租用错了，在当地 Wi-Fi 不支持的情况下，改套餐不太方便。长时间在国外，可以换当地流量卡。

十几个小时的长途飞行可以带上 U 型枕，尽量素颜，或者带上卸妆湿巾。到了当地，建议强行倒时差。就是到达时如果是当地时间的晚上，那就睡觉，如果是白天，那就好好玩，根据当地时间安排行程。

行李多的时候，尽量在网上预订接机服务，遇上会说中文的司机，还可以交流些当地文化。司机们多数见多识广，会给我们许多有用的旅行建议。比如伦敦的接机司机就告诉我，行李袋和行李箱避免用大牌的热门款，不要用 LOGO 明显的配饰，容易吸引小偷。

在当地游玩，不一定非得去打卡某个网红景点，可以去时尚的购物街，去有生活气息的菜市场，去有历史文化的古董市场，去充满艺术氛围的博物馆。我不愿意跟团旅行，哪怕三五好友一起旅行，大家作息和生活习惯不一样，一些问题上都难达成共识。独自行走，没有这些担忧。担心没人拍照，可以预约旅拍。出行服装和配饰，不要太高调，天黑就回住的地方。

到伦敦的第一天，我强行倒时差，晚上在东一区的民宿写稿。那个场景好像回到在米兰住在留学生公寓的时光，每天晚上去附近咖啡馆用餐，然后回住所看书写字，又像回到在巴黎闲逛的时光，住在凯旋门边上，下午四五点回民宿，用在超市买的食材做简单的晚餐。

骨子里的淡定，脸上洋溢的自信，都是走了许多路后才有的。所以，务必要独自旅行一次。

Tips 可以带一些准备淘汰的旧衣服，回国前扔掉，箱子可以用来装新买的物品。
长期待在国外，可以准备些国产零食。国外零食不一定符合自己口味，国外中国超市的产品偏贵且种类少。

7.2 英国人的消费观

弈翎说:"理性地看待不同的文化,我们要在不同的文化中去寻找值得借鉴和学习的点。"

在伦敦卢顿机场到市区的路上,我和司机师傅闲聊。司机是一个车队的负责人,在伦敦待了19年,入了英国国籍。过年期间人手不够,他才出来接送客人。

聊到英国的消费情况,司机告诉我,伦敦的奢侈品大部分是卖给中国人和中东人的,英国人很少买奢侈品。确实,在伦敦邦德街和哈罗德百货爱马仕专柜排队等候服务的人,东亚和中东面孔的人居多。甚至在街上,拿着奢侈品的人,也是游客居多。

司机说，他们不太买热门奢侈品，反而倾向于买看不出 LOGO 的品牌，但价格可能很高。

我很好奇，在萨维尔街看到的西装高定，纯手工的西服一套售价人民币 5 万元左右，街上看到的英国人也都是西装笔挺，如果他们不去消费，那这些卖给谁？司机说："你不要看他们穿得精致得体，其实好些人可能一辈子就一两套西装，而且他们非常注意养护。"想想确实是这样，我去泰国玩时，隔壁住着一对英国夫妇，他们没换几套衣服，但每次都可以搭配出新意，每件衣服看起来都质地精良。

伦敦的消费不低，普通家庭在餐厅吃饭的次数，一周可能一到两次，不过生活挺有计划，比如这周说好去哪里吃饭，都是提前一周预订，有的餐厅甚至需要提前一个月预订才有位子。如果有事去不了，他们也会提前告知餐厅。哪怕去喝下午茶，都需要通过电话或者邮件预订，不然没有位子。

英国人注重仪式感，他们出行会订别墅或者高端酒店。他们最大的开销是房租，小孩上学免费，基本的生活都会有保障。

联想到欧洲住的民宿，大部分都会有香薰、咖啡机，有舒适的床品，这些也是生活仪式感的一部分。欧洲人租房子的不少，不那么热衷于买房。

购买奢侈品时，他们不攀比，更低调，不进行符号性消费。但是购物有时候已经超越了购买物品本身带给我们的快乐，是很难用钱衡量的，合理、理性地去消费，能够让我们更开心。

> **Tips** 衣服在精而不在多，同一件衣服经过用心搭配，可以呈现出完全不同的效果。
> 去国外旅行，无论去餐厅还是哪里，养成提前预约的习惯。

7.3 家居环境代表着对生活品质的要求

弈翎说："身为女子，不能亏欠自己，整个人心情舒畅了，做事才会更加顺畅，家庭才会更加和睦。"

看一个姑娘是否干净，不能只看外表。一些女孩子看着光鲜亮丽，家里环境脏乱得一塌糊涂。人在干净整洁的环境里，才会心情舒畅。

家里不必一尘不染，起码的好习惯要有，比如每天扔垃圾，定期清理旧物等。单身女性可能爱购物，想在物质上寻求安全感，这没错，每个人不同阶段的做法都不一样。只是购买新物件的时候，旧物件我们要做合理的处理。家里的零碎小物要学会收纳，用收纳盒装电视机附近的零碎物品，用密封的收纳袋装电源线或者平时出差用的分装化妆品。梳妆台也有相应的收纳工具，比如可以把口红都放一起的收纳盒。

在欧洲旅行时，我认识一位房东太太，给家里的厨房准备了整整齐齐的收纳盒，有的装豆子，有的装调料，还有的装其他物品，一点不杂乱。对家居环境的布置，是一门必修课。

除去对环境干净的要求，长期居住的地方，还需要有些凸显审美的布置。房子是租来的，生活不是。在国外旅行时，我住过不同的民宿，能感受到民宿主人的用心，比如给房间准备胶囊咖啡机，在某个角落摆满鲜花等。当然我们普通人也没那么多精力去大力改造出租房，但可以买一些小物件，让家更温馨。比如铺一块桌布，用餐的时候会身心愉悦，或者再买些漂亮的餐盘。有朋友去不同国家，买不同的杯子，收集起来，满满一柜子，喝红茶有红茶的杯子，喝绿茶有绿茶的杯子，喝咖啡有咖啡的杯子。我想这些杯子，捧在手心，也是满满的小确幸。我在法国格拉斯买过一款玫瑰香薰，这个品牌1802年创立至今，有两百年的历史，很小众，国人几乎不知道，但香味独特，我很后悔没有多买一点。

关于床，不一定是特别贵的中式红木或欧式大床，建议把床垫和床品配好一点。

乳胶床垫比较好，在购买和选择上，主要看材质，要抛开品牌附加值。

关于床品。我记得在罗马住过的民宿，房东配备的是棉质床品，图案有当地特色，再铺上一块手工钩织的蕾丝床头罩，赏心悦目。年轻人买床品，更看重的是舒适感。四件套首选纯棉、贡缎材质。品牌为了宣传，会使用各种花里胡哨的关键词，不过，我建议选择最简单的材质。整个搭配上，素色、纯色床品更好搭配不同的装修风格。我曾买过一套真丝床品，夏天用着挺好，缺点是容易打滑，冬天还是选择磨毛质地的床品更舒服。我曾见过欧洲的家政阿姨熨烫床品，讲究点的朋友，也可以熨烫床品。

家是我们除去工作外待的时间最长的地方，干净整洁是基本的要求。有时间就学一些收纳技巧，没时间可以请专业人士做这些事情。

Tips　用简单精致的小物件装扮自己的居所，可以提升愉悦感。
床品关系着我们居家生活的品质，需要我们多花工夫，去选择精品。

7.4 在伦敦喝一次英式下午茶

弈翎说:"随着时代的变迁,礼仪有传统的观点,也有新时代的做法,不管哪种场合,我们要做到不失礼。知识的积累过程,是见了些世面后,看到自己的不足,进而复盘,反观内心,做到真正的戒骄戒躁。"

这几年,只要有时间,我都会去喝茶,中式的、西式的下午茶会带给人不同的感受。从循规蹈矩到相对地宽泛,单纯从礼仪角度讲,作为普通人,我们做到不失礼就好。

"英式下午茶"始于 19 世纪 40 年代,那时候英国人一天通常只吃两顿饭,十点的早餐和晚上 8 点以后的晚餐。每到下午，大家都感到饥肠辘辘。一位公爵夫人想着距离礼节繁复的晚餐还有一段时间，于是灵机一动，准备了一些茶式点心，邀请几个知心好友到闺房，边吃点心边聊天，打发百无聊赖的下午时光，此后英国便有了下午茶这个活动。

在伦敦旅居的那段日子，我发现晚上时间挺漫长的。四五点天就黑了，那里不像国内的夜生活那么丰富，大部分人只能回家。可能下午茶就是最好的消磨时间的方式。

传统的英式下午茶，通常用华丽的三层托盘装盛，食用顺序由下至上，从咸到甜，由淡至浓，慢慢打开味蕾。最下面一层是三明治、手工饼干等咸味食物，中间则是传统英式下午茶点心——司康饼，最上面一层放着水果塔、蛋糕等甜品。每一层都风味各异，每一块分量都不大。

我在巴宝莉咖啡馆二楼感受了一次真正的下午茶。英国大部分喝下午茶的地方需要预订，可以通过邮件或者电话。巴宝莉一楼是咖啡馆，二楼是喝下午茶的地方。服务员穿着洁白的工作服，上茶的时候，在旁边放了一个沙漏，沙漏漏完的时间就是红茶刚刚泡好的时间。英国人比较喜欢锡兰红茶和大吉岭红茶。在巴宝莉咖啡馆，我喝了一些加糖加奶的红茶后，反而觉得什么都不加的红茶更爽口。

司康饼是西方点心代表之一，据说是每位母亲都会教女儿做的点心。司康饼怎么吃呢？新鲜出炉且温热松软的司康饼，可以将其横向掰开，一分为二，涂抹大量的果酱或鲜奶油，也可以是一层奶油一层果酱叠加来吃，别有一番风味。

国外一些高级餐厅通常是不给点心打包的，因为怕打包回去不新鲜吃坏了肚子。那天喝茶，我问是否可以打包，侍者告诉我，三明治不能打包，其他点心可以。几分钟后，每个点心都用单独的纸盒装好，外面还贴上了巴宝莉的标签。到了住所，我打开的时候，看到每个点心里面还有一张印着品牌

logo 的纸。这些细节无不体现着品牌的用心，对品牌形象的提升也挺有帮助。

Tips 餐巾怎么叠放？对折成方形而不是三角形，平铺在大腿上。

先倒茶，还是牛奶？答案是先倒茶。讲究的酒店，还会提供一个茶漏，先用其隔茶渣，再倒入茶，再放牛奶，这样可以根据自己的口味来控制浓度。

三明治用手还是用刀叉？一般我们会觉得用刀叉更优雅，但传统下午茶的三明治都很小，可以直接用手拿着一口吃掉。

7.5 逛古董店，提升搭配能力

弈翎说："哪一种文化都不需要特别排斥，多看看，多了解，慢慢地才会练就更好的品位。"

想要提升自己的审美和搭配能力，可以去逛逛古董店。古董店不是简单意义上的二手店，这里的物件有设计、有年代文化、有收藏价值。有的国家有专门的古董连锁店，这些店铺的古董也是保存良好的精品，经过专门的消毒处理，可能是全新的物品，也可能带着上一位主人的故事。

每到一个国家，我都会去看看当地的古董文化。泰国有一个算在亚洲规模非常大的古董店铺，中国的一些古董店也会从那里进货。伦敦的古董店，诺丁山集市有一部分，Brick Lane 街区有一部分，市区 Covent Garden 的两家店铺紧挨着，分别是 Rokit 和 Picknweight。一些热爱古董的留学生和时尚人士也会经常去淘宝。巴黎的一些古董店距离爱马仕左岸店不远。欧洲古董店的装修都别具风格，物品陈列的不仅仅是衣服，还有老板满世界淘来的宝贝，比如灯饰、配饰等。

逛古董店，尽量选择看起来十净整洁的店铺，因为古董商品本身可能有点味道。衣服随便看看就行，多看配饰，这才是训练搭配功底的地方。一些朋友介意别人穿过的衣服，配饰可能相对能接受一点。

在古董店，可以看到不同年代不同风格物品，比如刺绣，比如某个时期流行的尖头鞋。不专门研究服饰文化的话，不需要具体去了解某个年代的文化，只需慢慢欣赏，看看能不能寻到一件独一无二风格的物品。一些店铺会介绍不同时期的衣物背景，有了故事的衣服，价格自然不菲。

伦敦 Brick Lane 街上有一个古董集市，里面有一家全部是奢侈品牌的古董店，有迪奥十九世纪二三十年代的衣服，也有华伦天奴上个世纪的蕾丝裙，价格不低，995 英镑起。这家店是附近店铺中最干净、最有格调的一家，当然也是最贵的一家。老板说，因为热爱古董，所以开了这个店，赚的钱立马去巴黎进货，钱都压在货品里。平时来光顾的顾客，多以懂行的居多，还有明星艺人，因为他们想要不撞款，品位独特的衣物。

古董店的衣服大致分为几大类：皮毛一体、皮衣、大衣、毛衫、牛仔等。看完这些，仔细看配饰：耳钉、皮带和一些有年代感的包才是重点。这类配饰不太可能重样，而且年代久远的物品，保持完好的话，成色也不会差。我曾在杭州运河边的旗袍店，看到过欧洲的古董包，也在伦敦的古董店同样见过类似款，应该是某个时期的产物，包的表面是手工刺绣而成。

部分时尚爱好者很迷恋诺丁山集市中一位老奶奶的店铺，店里有许多大牌的耳夹。比如七八十年代港片女主角戴的耳夹，普遍偏大，很惹眼。去诺丁山集市的时候，我没有刻意去找那位老奶奶的店铺，如果长期佩戴耳夹，耳垂容易痛，古董耳夹个头不小，适合拍照，生活中佩戴有些夸张了。

喜欢古董的朋友，在尺寸上不要有过多的要求，仅存一两件的货品，不一定都合身。现在也挺流行复古穿搭，比如宽松的西装搭配细腰带。尽量不要买贴身的古董衣服，大衣、外套类的，买回来最好送干洗店做一次清洗。皮衣、皮毛一体不建议购买，不好清洗，价格上没有优势，存放时不要把它们和其他衣服放一起，容易染上味道。

杭州武林路边的小巷子狮虎桥路也集中了几家古董店铺，普遍价格不高，装修各有特色，这些服饰，适合本身特别有搭配功底的姑娘。

Tips 买古董配饰的时候考虑好，家里衣服是否可以搭配，有些配饰好看，但太抢眼，不一定适合日常打扮。

如果不是收藏，没必要购买特别贵的衣物。物尽其用，衣物是为我们服务的。

7.6 贝尔格莱德——真正慢下来的时光

弈翎说:"我们所有的底气和淡定,一定和你走过的路,见过的山水有关。见过天地,再观自身。"

我不太喜欢规划行程,旅行对我来说就是放松和休息,之后才有更好的状态回归工作。

我曾在贝尔格莱德待过十几天。收拾行李时,我准备了一条大围巾,机场的空调冷气充足,围巾就派得上用场。我带了个 20 寸的行李箱,放了几件黑白短袖,一件好打理的旗袍,一双高跟鞋。喜欢拍照的话,可以带一两套适合拍照的衣服,色彩简单干净,或者明媚艳丽,不需要太多。

到贝尔格莱德时,是当地时间晚上 10 点。我订的酒店在市区，交通方便。第一天睡到自然醒，起床后在外面闲逛。走到共和国广场边上，感觉整个时间慢了下来。欧洲人会一整天都坐在路边的咖啡馆，点上一杯意式浓缩咖啡。

这里有一条米哈伊洛大公街，类似每个城市最繁华的步行街，但没什么奢侈品买。这个国家本身不太富裕，在这里我们完全可以实现"车厘子自由"和"牛排自由"。走了许多地方，我物质欲望也在本能地降低，每年只是添置点工作的行头。

第二天，我去了塞尔维亚国家博物馆，感触颇深。曾见过的东西，某天会在脑海里突然闪现，一些事物引发关联的时候，会有些似曾相识。有孩子的朋友们，待孩子懂事之后，可以多带他们出去走走。外面的世界，可能比被动的填鸭式教育对他们更有帮助。

我专门花了一下午时间去城堡边看日落。去的人大部分也是游客，但他们都不会步履匆匆，每个人闲庭信步，好不自在。

去一个地方除了看风景，还要感受当地文化。贝尔格莱德城市不大，去市区的景点走路就行。我漫无目的地走着，累了就去路边的咖啡馆点杯咖啡，拿出宣纸写信。

有一天，我去了距离市区十公里左右的泽蒙小镇。那里人少，都是矮房子，多瑙河边的风景还是不错的。有段时间似乎很流行去多瑙河附近喂大鹅，但我没有找到那个地方。有个小山顶，走上去可以看到整个小镇红色的房子。这里打车很方便，只消人民币几十块钱。这个城市的出租车公司 PINK 和 ZUTI 比较正规，不会乱收费。

我特地去拜访贝城最后一位调香师，他在这里拥有一个手工香水工作室。我去了四次店铺才开门，前两次他都休假去了，后来他休假回来，恰逢第二天是周末，也没开门。于是，我只能隔天再去。

买单的时候，看着老爷爷步履蹒跚地去内屋找零钱，还有他满满的热忱和笑意，我对他的香水，有了更多的敬意。平实无华的东西，承载着购买者的多种情愫。开了多年的老店，没有扩大，亲力亲为，只因对这份工作有着诚挚的热爱。

那几瓶香水是我在贝城最大的收获。回国后，我在课堂上也时常分享老爷爷的香水，后悔只留了一瓶，希望以后还有机会买到有着特别情怀的香水。

每一次出行，路上多多少少都会遇到些问题，解决问题的过程也是成长。走的路多了，面对各种纷争，自然会淡然许多。人生有很多条路，合久必分，分久必合，这个社会从来不存在绝对的公平，总有高低起伏。顺势而为，好的运气只会降临在踏实努力的人身上。

Tips 欧洲国家城市不大，靠走路基本就能到景点，建议穿运动鞋出行。
关于住宿，如果安全和便利无法兼顾的话，首先考虑安全。

参 考 文 献

［1］G. 布鲁斯·博耶 . 风格不朽：绅士着装的历史与守则 [M] .
邓悦现，译 . 重庆：重庆大学出版社，2017

［2］艾莉森·弗里尔 . 穿衣的基本 [M]. 丁晓倩，译 . 北京：中
信出版社，2018

［3］光野桃 时尚的目光 [M]. 千太阳，译 . 广西：漓江出版
社，2012